# 市政给水排水工程的规划与施工探究

魏广艳　齐世华　姜　红◎著

吉林科学技术出版社

**图书在版编目（CIP）数据**

市政给水排水工程的规划与施工探究 ／ 魏广艳，齐世华，姜红著. -- 长春：吉林科学技术出版社，2024. 8. -- ISBN 978-7-5744-1697-0

Ⅰ. TU99

中国国家版本馆 CIP 数据核字第 2024YG1143 号

# 市政给水排水工程的规划与施工探究

| | |
|---|---|
| 著 | 魏广艳 齐世华 姜 红 |
| 出 版 人 | 宛 霞 |
| 责任编辑 | 孔彩虹 |
| 封面设计 | 金熙腾达 |
| 制 版 | 金熙腾达 |
| 幅面尺寸 | 170mm×240mm |
| 开 本 | 16 |
| 字 数 | 227 千字 |
| 印 张 | 14.5 |
| 印 数 | 1~1500 册 |
| 版 次 | 2024年8月第1版 |
| 印 次 | 2024年12月第1次印刷 |

出　　版　吉林科学技术出版社
发　　行　吉林科学技术出版社
地　　址　长春市福祉大路5788 号出版大厦A 座
邮　　编　130118
发行部电话/传真　0431-81629529 81629530 81629531
　　　　　　　　　81629532 81629533 81629534
储运部电话　0431-86059116
编辑部电话　0431-81629510
印　　刷　三河市嵩川印刷有限公司

书　　号　ISBN 978-7-5744-1697-0
定　　价　88.00元

# 前　言

　　城市化建设规模的逐渐扩大，使人们的生活、学习与工作方式得到明显改善。特别是随着经济的发展，人们物质生活水平得到了显著提升，进而追求更高质量的生活。在市政建设过程中，确保工程项目的施工建设质量逐渐成为衡量工作质量的主要标准。在建设过程中，生态文明建设对于经济发展和国家现代化建设有着重要的作用。其中，市政给水排水工程作为与民生息息相关的建设，变得尤为重要。

　　近年来，我国的城市化水平正在加快，作为城市基础设施建设的一部分，给水和排水工程已成为影响城市化的重要因素之一。市政给水排水规划与施工是城市基础设施规划设计的基础、重点，市政给水排水工程建设的好坏关系着城市市政工程的质量，影响着市民的人居环境。如果有关建设部门不重视管理，则可能会出现一系列不良问题，例如污水排放不畅、水质污染等。为了在城市化进程中促进市政工程项目的进一步发展，必须注意城市的给水排水现状，及时发现存在的问题并寻求科学的解决方案。

　　本书通过遵循我国市政规划与给排水工程相关规范，结合市政规划、给排水工程等相关理论，按照城市综合规划内容构建全书体系，主要内容包括市政给水排水工程基础、城市给水排水管网系统的设计计算、给水排水管道施工技术以及市政给水排水工程施工安全与管理、创新与维护。本书结构清晰、逻辑性强，对当前市政给水排水工程的规划与施工具有十分重要的参考价值。本书在写作的过程中参考了大量的文献资料，在此向参考文献的作者表示崇高的敬意。在写作过程中，由于时间与精力有限，书中难免存在很多不足之处，恳请各位专家和读者提出宝贵意见，以便进一步改正，使之更加完善。

著　者

2024 年 1 月

# 目　录

# 第一章 市政给水排水工程基础

## 第一节 市政给水排水工程概述

### 一、给水工程概论

给水工程规划，指的是根据城市的总体规划情况，对城市内的用水量进行预测，并对水资源的供需平衡进行分析，划定城市给水工程的位置，并进行水资源保护和节约的相关要求及措施。随着经济的不断发展，给水工程的规划理念也在不断更新，可持续发展性逐渐成为给水工程规划中的重要考量。

#### （一）给水工程规划可持续发展的重要性

给水工程作为城市的最为基本和核心的市政基础工程设施，是城市建设与发展的重要前提条件。给水工程规划，就是要设计建设经济合理、安全可靠的水资源供给线路和管道工程，持续地为城市居民的生产和生活提供优质的水资源。

##### 1. 给水工程规划的意义

市政给水工程的规划和设计关系到城市生活的方方面面，特别是给水工程管道通常铺设于市政交通道路之下，建成之后再进行维修或调整，必然会影响到交通及周边的生产生活环境，因而在对给水工程进行规划时必须具备一定的前瞻性。给水工程规划，既关系到城市用水的安全与及时，还关系到整体给水工程的施工效果。给水工程规划的可持续发展，其重要的一个内容就是充分考虑到用水单位的实际情况，加强对水资源的合理利用。

##### 2. 给水工程规划推行可持续发展的原因

当前，由于我国城市化建设持续不断地发展，城市面积及居住人口在大幅度增加，对城市的给水系统造成了巨大的压力和负担。特别是在二、三线的中小型城市，经济的迅猛发展带来了环境的极大改变，特别是基础设施的建设处于快速发展阶段，因而更加需要统筹协调人口与资源之间的关系，既要充分利用水资源提高人们的生活质量，又要确保生态环境不受到破坏。近些年来，由于气候因素的影响，我国总体的水资源储量已经有了大幅的下降，加上人们长期以来对水资源的过度开发及严重污染，导致城市甚至农村出现水资源匮乏的问题，严重影响到我国社会经济的健康发展。

### 3. 我国给水工程建设的现状

我国自古以来就十分重视水利工程建设，从农村的灌溉用水到城市的生活用水，都离不开国家和政府对水利工程的投入和建设。然而，我国绝大部分的给水工程建设都具有一定的局限性，对于水资源的利用缺少相应的规划设计，许多城市的水资源只能满足工程建设当时及之后一段时期的使用需求，当城市出现大规模开发时，给水工程的压力剧增，往往难以满足实际的需要。比如，有的水库虽然建设在郊区，但随着城市的不断扩张，导致水库逐渐被扩入城市内部甚至中心城区的范围，从而造成水资源的污染加剧。因此，给水工程规划不能仅仅针对施工时期的城市用水量需求，还需要把眼光放到更长远的位置上，考虑到未来数十年的城市发展与规划，同时要兼顾环保、节能等可持续发展的理念，才能使给水工程规划具有真正的实效，避免重复施工造成的浪费。

## （二）给水工程规划的可持续发展措施

### 1. 对取水口进行上移，避免水源污染

给水工程规划的可持续发展，首先应当体现在源头上。在城市化进程中，由于规划不当，相当数量的工业产业及城市居民区向水源的上游蔓延，工业与生活用水的排放，对给水资源的质量造成了巨大的压力。因此，给水工程的规划，必须针对这种情况采取相应的应对措施。

其一，是将水源的取水口向更上游移位，比如浙江省遂昌县的石练水厂，将水源的取水口从镇中心移至上游的石坑坪水库周围，使水源距离镇生活区4000余米，确保水资源远离工业区和生活区；其二，是开辟新的水源，如浙江省常山

县，针对原有的常山港水库距离中心城区过近导致污染严重的情况，在上游开辟了新的水库作为供水来源，并将原常山港水库作为备用水源，使水资源尽可能保持环保和清洁，避免水资源的污染与浪费。

### 2. 针对分区供水情况采取节能降耗措施

给水工程规划的可持续发展，讲求对水资源及其他能源的有效利用，因此有必要探索相应的措施，在保障用水的同时尽可能地节能降耗。对于具有较大起伏的地区，给水工程规划必然需要考虑到分区供水的问题。根据不同地区的地势高低差距，进行合理分区供水，可以最大限度地节约给水能量的损失。

除了分区供水外，采取利用地心引力的作用减少能量支出，或者采取新技术进行变频供水等方式，也有助于节约供水能量。此外，在给水工程规划中，对供水管道的直径进行确定时，应当按照经济流速作为直径选择的参考指标，从而可以减少水头损失，进而实现节能降耗的目的，促进给水工程建设的可持续发展。

### 3. 做好水质的预测和消毒管理

给水工程规划的可持续发展，不仅要体现在资源的节约上，还需要体现在以人为本、关注人体健康上，因此必须高度重视饮用水的水质。

除了水质的预测外，城市供水的消毒管理也是可持续发展、以人为本的重要表现。消毒的措施与方式，并没有固定的方法，而应该结合水源和管道网络中的水质情况进行综合确定，并且需要充分考虑给水工程施工现场的实际条件以及后期的运行管理的便捷程度，因地制宜地选择消毒方式。同时，要结合水厂供水实际情况确定消毒剂投加量，随时检测出厂水、管网水水质消毒剂余量，确保符合《生活饮用水卫生标准》（GB 5749—2022）消毒剂指标限值，保障城市供水水质安全。

随着我国城市建设与城镇化的快速发展，给水工程规划已经不仅是一项工程的规划，更是城市建设与发展规划的重要组成部分，是保证城市可持续发展的战略性规划，对于城市的健康与可持续发展有着重要的保障作用。因此，给水工程规划必须充分考虑到可持续发展性，优化配置水资源，并提高对水资源的合理利用，使其发挥综合效益的最大化，从而促进城市的可持续发展。

## 二、给水管网布置

给水管网建设是我国一项重要的惠民工程，能够为人们的日常生活及生产用水提供保障。在开展给水管网工程建设施工的过程中，需要投入大量的资金，导致工程建设无法满足经济性原则。因此，企业就需要做好相关的造价控制工作，对各个阶段的工程施工内容进行明确的定位，减少施工过程中产生的问题。

### （一）给水管网的科学布置

很多建设施工单位在布置给水管网的过程中，不仅具有较大的随意性，导致管网布置不科学，不仅会增加工程施工成本造价，还会使居民的日常生活受到影响。在开展实际施工之前，工程设计人员需要与施工人员、管理人员等合作沟通，对给水管网的布置方式进行探讨。一旦管网布置不科学，就会使工程造价无法控制在预期范围内，还会在供水和管网的管理及维护过程中产生较多的问题。在开展规划工作的过程中，设计人员需要明确管网的现状，保证管网布置能够满足区域总体规划的要求。由于给水系统大多分期建设，但是不能确定其是否会按照分期建设的方式开展施工，因此，需要考虑这种建设施工方式的可能性，留有充分的余地。在布置管网的过程中，需要保证用户都能够有足够的水量及水压，还需要增强管网布置的安全性。在这个过程中，对其成本造价进行控制，主要需要保证铺设管线的距离是最短路线，降低管网造价，还能够在一定程度上降低供水费用。

### （二）合理应用工程造价预结算方法

#### 1. 全面审核

在铺设给水管网的过程中，需要对相关材料及设备等进行全面的审核结算，使得工程造价得到全面控制。全面审核法能够对给水管网建设施工过程中投入的全部资金进行审核，增强结算工作的合理性。在应用全面审核法开展工程造价控制工作的过程中，需要严格按照工程施工图纸对需要结算的内容进行核查。在这个过程中，核算人员需要明确给水管网建设施工中需要使用的材料及设备的市场定额，将其纳入结算范围内。这种方式能够使得给水管网铺设的工程项目单价费用得到较好的控制。

### 2. 重点审核

重点审核主要是需要明确给水管网建设施工中造价控制的关键部分。重点审核法具有较强的侧重性，在开展相关工作的过程中能够体现较强的针对性。在开展给水管网工程造价控制的过程中，重点需要对管网铺设结算内容进行控制。结算人员需要明确管网铺设工作的重要性，对这个环节的施工流程进行掌握，再对各个环节需要使用的资金成本进行核查。管网铺设作为给水管网建设施工中工程量较大并且资金投入较高的项目，要求核算人员重视结算工作的开展，体现重点审核的效用。

### 3. 对比审核

对比审核能够帮助结算人员对工程建设施工使用的资金进行更加深入的分析。在利用这种方法开展管网铺设结算工作的过程中，结算人员主要需要通过对相同区域的工程的分析、参考，为工程成本造价控制提供依据。给水管网工程建设施工可以借鉴较多相似功能的项目，因此，结算工作的开展也同样能够根据相似工程的材料等造价规律进行分析。核算人员可以对工程施工过程中的造价进行对比，明确其中的差异性，进而对其中不符合相关规律的项目内容进行重点审核。

### 4. 分组计算审核

虽然管网铺设只是给水管网建设施工的一部分内容，但还是需要使用较多的劳动力和资金。在开展这部分的结算工作时，可以利用分组计算审核的方法，对成本造价控制内容进行细化。这种方式能够使得核算人员通过精细化的项目分类明确各个环节需要使用的资金情况。在利用这个方式开展结算工作之前，首先需要明确分组的标准，还需要参考相似项目的性质及规模；然后核算人员可以对比相似项目，比较快速地了解核算内容，使得管网结算工作的准确性得到提升。

### 5. 筛选法

筛选法在给水管网工程成本造价控制中的应用范围不广泛，但是在实际应用过程中，能够发挥较大的作用。这种方式与工程普查存在一定的相似性，管网铺设工作的开展具有明显的特点，在施工过程中需要对管线进行合理的布置，并且施工人员需要明确各自的工作职责，同时，还需要沟通合作，才能避免管网的交错。在实际施工过程中，可能会有不符合工程实际情况的问题产生，因此，结算人员就需要对其进行甄别和筛选，及时解决其中的问题，使得成本造价控制在预期范围内。

### （三）最终结算阶段造价控制要点

在最终的结算阶段，核算人员要将给水管网建设工程造价控制在合理范围内，进而在实际施工过程中能够达到工程施工的造价控制原则。在结算时核算人员需要对工程施工的深度及管网节点等进行深入分析，并且了解工程施工图纸，对其中的管线成本进行控制。核算人员需要在工程设计过程中对概算进行规范和严谨的编制，减少工程预算和结算的空缺。同时，核算人员需要根据工程设计、施工及管理人员提供的信息对给水方式及管网形式等进行明确。还需要对用户的水表进行合理的布置，达到节约用地的目的。在对水管成本造价进行控制时，需要保证干管、支管及接户管的大小，使其能够满足居民用水量的要求，并且不能浪费水资源。

在这个过程中，给水管网主管部门需要增强对工程结算工作的监督管理，提高工程投资效益。结算人员需要根据工程建设施工的结算要求开展相关工作，对工程施工各个环节应用的成本进行控制，使得工程造价控制在全过程管理的过程中发挥作用。核算部门需要增强核算人员的工作积极性，优化核算方式，对工程细节进行处理，发挥工程核算工作的价值。

### （四）实施阶段的工程签证

工程实施阶段是造价控制的最后阶段，也是工程建设施工及造价控制的关键阶段。给水管网建设施工会受到较多因素的影响，导致工程建设施工的成本造价难以控制在预期范围内。在实际开展给水管网工程建设施工的过程中，施工人员需要对地形、气候等进行分析，还需要结合区域内居民的生活习惯等进行考虑。当前的给水管网工程建设施工过程中，对成本造价影响最大的就是工程签证，签证内容及管理方式会使工程造价难以控制在合理范围内，甚至可能会产生严重的法律问题。因此，在开展给水管网工程建设施工的过程中，就需要对签证进行严格的管理，增强工程建设施工的经济性和质量管理效用。

### 1. 按照程序进行签证

签证程序的规范性有助于控制给水管网工程建设施工的成本造价。不同的工程签证具备不同的要求，在处理设计变更签证时，首先需要由业主对施工设计图纸进行查看，当其不合理的时候，就需要向原设计单位提出修改要求。在这个过程中，原设计单位需要根据业主的要求将设计图纸交由负责人进行审查，一旦审查通过，就需要出具设计变更书，之后再交由技术负责人及设计单位签章。在开展工程审计工作的过程中，审计人员需要对签证的程序进行控制，保证其合法性及真实性。签证程序的规范性能够避免施工单位虚抬施工量和工程单价等，对工程造价控制有较大的效用。

### 2. 审核签证内容真实性

在对签证进行审核的过程中，管理人员需要按照工程施工的实际情况对工程量进行检查，制定合理的工程量清单。在这个过程中，审核人员需要进入现场开展勘查工作，特别需要注重隐蔽工程的检查。为了保证签证内容的真实性，工程主管人员和签证单位需要在隐蔽工程被掩埋之前对其进行勘测和记录，强化签证审核效用。

### 3. 审核签证内容合法性

签证内容需要符合法律规定才能开展工程施工，否则会使工程整体施工受到严重的影响，缺乏法律效用。监管单位需要对施工单位的招投标文件进行检查，还需要对施工合同的内容进行核查，保证其符合国家有关规定。

### 4. 审核签证内容合理性

在对签证进行审核时，需要保证签证内容的合理性，才能从根本上对工程施工的成本造价进行控制。监管单位需要进行市场调查，对施工过程中使用的管材质量及对应的价格进行调查，在确定施工设备及管材的规格和品牌之后，就需要明确规定材料及设备的造价。同时，还需要保证材料、设备的参数等，全面掌握签证内容，通过严格的审查，保证签证内容的合理性。

给水管网建设工程存在一定程度的特殊性，对专业技术的要求较高，在开展工程设计和施工的过程中，需要对成本造价进行控制，使其能够控制在合理范围内。造价控制人员需要监管工程方案的设计及实施，并且对签证进行严格审核，减少影响工程造价的因素，增强给水管网建设的安全性及经济性。

## 三、排水工程概论

市政排水工程是百姓生活的基本设施，随着城市的发展，需要建设越来越多的排水工程。在实际施工过程中，为了提升工程建设有效性，相关单位必须做好施工技术要点分析，从而保证施工行为更加规范。

### （一）市政排水工程准备阶段的技术要点分析

#### 1. 选择排水方式

选择正确合理的排水方式，可以为市政排水工程提高有效性提供保障性基础。当前，我国大部分城市在选择排水方式的过程中，一般都是以分别进行处理、集中进行排除的原则来选择。这种排水方式的主要工作原理是，将所有污水统一排放到化粪池中，然后在化粪池中对污水进行分离，分离之后再与雨水、生活污水汇集，最后统一排放到排污管网之内，然后所有的污水就会进入江河或者是沟渠之中。相关工作人员在选择排水方式的时候，必须充分考虑居民区内产生的污水，或者是加工企业产生的污水不同的特质，进而选择正确的排水方式，同时要保证所有的污水都要经过科学的处理后，达到国家要求的排放标准，才可以进入市政管网中，最终排放到沟渠或江河之中。

#### 2. 排水系统设计

设计排水系统过程中，首先要考虑实际的污水排放量，选择的管材以及设计的管径达到设计之初的要求，要求不能超过充满度的 65%，从而避免造成排水系统产生超负荷运行的情况。在坡度设计方面，要充分考虑各地区的实际情况，并要综合考虑管段口径的大小，从而保证排水管网运行的有效性。

#### 3. 排水管材的选择

不同排水管材在不同环节，所承担的排水任务也不相同，另外，管材所埋深度、土壤压力、管径等都存在差异。因此，必须根据实际需求科学选用相应的管材。当前较为常用的管材一般以 HDPR 钢类复合管、玻璃管等为主，以选择质量好、强度高、抗腐蚀性强的管材为主。

### 4. 汇污窖井的设计

所谓汇污窖井也就是平时所说的化粪池，其主要作用在于将废水处理达到市政排污质量要求。当前，我国针对市政排水工程汇污窖井设计方面，出台了专门的设计手册，在设计中必须以该手册为指导。但是不同市政排水在需求方面、环境方面都存在差异，因此，相关设计单位在设计过程中要予以把握，从而保证符合污水排放的要求和标准。

### 5. 道路开挖和设施保护

在进行市政排水工程施工中，地面开挖是必需工序，在开挖过程中，必须设置安全警告，并且要将施工路段设置围挡，从而保证施工的安全，并且要按照施工图纸进行施工，先进行开口，用切割机将路面切断，然后用挖掘机进行开挖，最终将残土用自卸车运至土场。

## (二) 排水工程施工阶段的技术要点

### 1. 管材质量验收

施工阶段要根据排水工程的设计要求，通过每个环节的管材需求来进行管材质量验收工作，特别是插口和承接口两者的内径要保持一致，检查其是否存在变形、弯曲等问题，当检查无误且符合设计要求后，才可以进场使用。并且要做好管道顺直度、坡度的检查控制，从而保证设计安装中可以提高有效性应用。

### 2. 管道安装施工

在管道安装施工中，主要做好管道半径处的挂边线保持紧致，在调节管节中心线、高程中，必须用石块支垫，从而保证管道足够牢固，有效避免两管错口的情况发生。在浇筑管座的时候，首先要用相同标号混凝土将管道两侧、平基相接的地方填实，然后再进行浇筑，并且浇筑时要保证两侧同时进行。如果施工处于雨季应缩短开挖长度，如果沟槽的软土层被雨水冲刷，就需要立即采用砂石等来置换软土层。

### 3. 管道功能测试

在管道功能测试过程中，一般会用闭水阀来进行严密性实验。在测试前，首先要进行基本质量检测，保证管道没有任何积水，所有预留的孔洞都已经被封堵完毕，不存在漏水的现象。在排水系统基础施工质量方面都没有问题的情况下，才可以进行闭水试验。在实际进行闭水实验过程中，要分别进行上段、下段的实验，目的在于可以提高管道测试的有效性，再者还可以有效节约水资源。

### 4. 管道沟槽回填

首先，要检查沟槽，将其中存在的模板、钢材等所有杂物清除，同时将沟槽内的积水清除，才可以进行管道沟槽回填工作。要保证回填土内的水含量在合理范围内，然后再按照排水方向，从高到低的顺序，进行分层回填还土。当完成沟槽回填工作以后，再仔细检查原有的施工路面，将路面恢复到施工之前的状态，然后再请监理人员检查。如果因为市政排水工程施工导致路面产生任何缺陷，相关单位都要负责对该路面进行维护、处理，直至责任期满。

### 5. 路面恢复

在路面恢复中，主要工作就是路面的摊铺工作。负责摊铺路面的施工企业，要保证施工中所用熨平板的温度与原路面相比达到65℃以上差距，才可以进行铺筑工作。在铺筑过程中，应该将横缝位置所要铺筑的新路面的实际厚度进行测量，将测量获得的厚度乘以不同层松铺系数，从而就可以得出路面的实际高度。

在进行路面碾压过程中，要分别进行初压、复压、终压三个阶段。当完成碾压之后，相关单位还要委派专人检测路面的平整度，如果发现路面平整度没有达到要求，就要立即按要求进行处理。在碾压的过程中，要让驱动轮朝向摊铺机，并且碾压的方向要保持统一。在碾压过程中，压路机启动、停车都需要减速缓行，这种情况下才不会产生如鼓包这种现象，并可以有效控制碾压对路面产生的不良影响。

总而言之，市政排水工程关乎城市居民的生活基础保障，对于百姓的生活质量有着直接性影响。因此，在进行市政排水施工中，要切实做好施工技术要点分析工作，从而提升建设行为的有效性和质量。

# 第二节 市政规划与给水排水工程

## 一、市政工程给排水规划设计问题

在城市建设过程中，排水规划设计是城市规划设计的重要标杆，对于我国经济建设和环境质量改善至关重要。排水系统由污水处理厂和排水管道系统组成，负责收集和处理城市污水和雨水。在实施雨污分流系统的前提下，雨水通过循环利用或进一步排入水体，污水通过污水处理厂处理后达标排放。目前，我国城市在排水系统规划和设计方面已经取得很大进步，但仍存在一些问题。

市政给排水作为城市基础设施建设中不可缺少的组成部分，给排水工程有效的规划与设计直接关系到城市可持续发展以及人们的生活质量。针对水资源匮乏的现状，城市市政给排水规划与设计时，要充分利用好有限的水资源，确保城市居民日常生活用水，并与当前城市规划发展相结合。

### (一) 市政给排水设计工作概述

市政规划为市政给排水工程施工的基本进行依据。因此，初期设计方案与实际工程施工情况是否相符，在很大程度上受到城市规划的影响。一般而言，给排水设计要考虑到范围、给排水量等指标，要求设计人员做好用地管理工作，重视设计期间的各种问题，并及时解决问题。设计期间只有与城市发展规划相结合，满足给排水的采集、输送、净化等要求，才能够实现协调发展的目标。

### (二) 市政给排水系统面临现状

#### 1. 项目设计得不详细

例如在设计时没有考虑到路面材质和水管的直径等问题，路面选用材质不合理将导致表面排水能力有限，一旦遇到暴雨等天气易导致路面积水严重；排水管的直径设计严重影响着它的实际处理能力，它与当地城市的降水量与居民用水量有关，一旦设计过小会导致处理系统崩溃。

### 2. 项目施工时难以按照设计的要求进行落实

项目的设计方案是整个工程的第一步，科学的方案还需要有经验的工作人员落实。例如水管的下埋深度问题，一般情况下水管的下埋深度是统一的，但实际施工时由于水管安装地段有光纤等阻碍水管的正常安装，因此往往会与设计有一定的偏差。总的来说，在市政给排水现阶段所面临的主要是设计和施工两大问题，要想设计出科学合理的给排水系统，必须在设计与施工中考虑全面，从而达到整个系统的可持续性。

## (三) 市政道路给排水规划的主要内容

### 1. 市政给排水设计的内容

市政规划是市政排水工程设计的主要指导，其中市政排水的主要标准与内容主要由市政规划制定。对于一个城市的市政给排水设计来说，我们先要考虑到工程范围内，地面以及排水系统面临的处理量，这些是设计确定排水方案的重要依据。在建设规划的过程中要实施统一严格的控制，对于设计与实际实施中存在的问题要注意。市政排水的整体设计是十分关键的一步，它通常会直接关系其他部分的设计方案，例如地下水管的安置以及施工等，因此在设计过程中要将理论与实践结合起来才能制订出合理协调的方案。

### 2. 市政给排水设计的任务

地下管道、废水处理厂以及最终处理地共同组成了市政给排水系统，其中排水管的主要作用是将地面多余的水聚集处理，减少地面的积水，一般情况下排水工作中是将雨水与居民的生活废水汇集起来共同运输。市政排水系统主要处理雨水以及生活中产生的废水，在实际的设计中要考虑到雨水以及生活废水的处理量。这些内容便是市政排水的主要设计任务。

## (四) 城市市政给排水规划设计的思考

### 1. 给水系统

对城市的给水系统进行规划与实施的过程中，须对该地区周边的水资源进行勘察与合理的使用。城市周围有水库的可以进行有效的利用，从中获取大量的水资源，再对给水系统中的给水管理与措施进行合理的设计，同时还须将水资源进行合理的净化处理，达到日常用水的标准。此外，若是降水频繁的时节，须对雨水进行有效的收集与净化处理，达到日常用水的标准就可以为城市的供水提供水资源。同时，还可对城市中一些工业企业排出的废水进行相应的净化处理，随后再利用净化过的水资源进行城市绿化带的浇灌，从而实现对水资源的高效使用。

### 2. 排水系统

一个城市的发展中排水系统是其生活中的重要基础，其设计与规划一定要和城市的发展规模与发展的实际情况相结合。要对该地区的天气情况与地理位置进行充分的研究与考虑，再结合城市的规划与发展目标，确保排水系统的正常使用。此外，还要对城市的降水量进行考量，一旦发生大面积强降水就需要有合理的排水管道进行雨水的排放，不然就会发生城市内涝。所以，在对排水系统进行设计与规划时要从城市的整体情况考虑，保证排水系统的使用符合城市的实际情况，具有相当的排水能力，这样不仅可避免城市的排水出现问题，还可提高排水系统的使用时间。

### 3. 污水处理

城市的生活与生产，必然会产生一定量的污水。污水的处理是城市排水系统中的一项重要的功能，在不同的城市中，污水处理的问题也是不一样的。因此，在对城市的污水进行处理时，要对城市的整体情况与污水的排放量进行综合的考虑；与此同时，在对污水处理的过程中还应该加强环保节能技术的使用，将生活中的污水进行高效处理与净化。

### 4. 污水计算

应注重城市污水排放量的计算，包括污水面积与污水管网的精准计算。可通过现有的地图与城市规划对污水管道中的管径与坡度进行详细的测量，可为设计人员在进行设计时提供重要的参考。在对污水的管道进行设计时要确保污水管的两端与污水井间保持紧密的联系，从而确定需要使用的污水管网的实际情况。

### 5. 市政给排水设计中应用计算机辅助设计系统

在对城市发展中的给排水工程进行规划与设计时还须与城市的整个发展战略相一致。在对管道进行施工之前，要对工程的设计与工程的工程量进行准确的计算，这需要相关的设计人员与施工人员进行相应的配合与协调。这些都对给排水工程的施工产生重要的影响，工程量的计算是一个比较烦琐的过程，此时要借助计算机技术，提高工作效率。

在项目规划过程中，需要做好排水管线规划，并考虑施工过程中的各种因素，选择排水管道材料，设计排水管道深度。在污水系统规划时，从污水处理厂、污水泵站和污水管网三方面对污水处理系统进行合理的布置，保证排水安全顺利进行；同时，应做好雨水规划和再生水规划，保证城市安全以及水资源的合理利用。

## 二、市政工程给排水规划设计

### （一）市政给排水工程规划设计中的常见问题

#### 1. 市政给水工程规划中的常见问题

市政给水工程规划中的前期规划是给水工程的规划设计，其非常关键，关系城市居民用水的及时和安全，也关系排水工程的效果。目前我国的市政工程规划建设过程中，给水工程的建设存在着一些突出的问题，主要体现在以下三方面：

（1）给水工程规划设计未将水资源优化配置

随着农村越来越多的人到城市来打工，城市人口数量的不断增加，导致市政工程中的给水系统往往出现供水能力不足，供水的安全性差，在用水高峰期，部分城区居民区出现停水、断水的现象；一些城市周边民居和周围工厂通过打井的方式，私自取用地下水源来补充供水不足的情况。

同时，由于市政规划设计单位未能深入调查和测算居民的实际用水情况，导致用水单位与设计单位之间产生了巨大矛盾。这正是给水工程的规划和设计不能够因地制宜设计导致的后果。

（2）水资源开发过度，水环境污染

我国是世界上淡水资源比较匮乏的国家之一。不仅如此，我国水资源使用量很大、使用效率低、循环再利用技术低下，这些都制约着中国的发展。但如果我们一味地过度开发地下水，将会引发城市地面发生沉降，地基下沉、产生许多安全隐患，同时还会产生海水倒灌等一系列问题，造成地下水资源污染。

（3）水价体制不完善、节水器普及率低

我国水价体制不完善，使得价格不能对水资源的优化配置起到主导作用。部分地区水资源收费过低，造成水资源大量浪费，同时对于一些用水很多的企业和工厂，水价格过低，未起到督促其节约用水的作用，企业对废水处理和净化能力不足、投入较少。同时，在中国城镇生活用水节水器具普及率低，工业上对节水工艺的研究还处于起步阶段。

### 2. 市政排水工程规划中的常见问题

目前市政排水工程设计中存在的具体问题主要体现在：首先，排水系统网络覆盖不全，排水规划往往处于配合市政道路工程建设的地位，难以科学规划和发展。例如，道路建设与排水工程没有进行协调和统一规划，导致一些排水工程往往滞后于道路工程施工。有的排水管线已经设计完成，但由丁施工时实际情况不同，导致施工不能按照规划进行建设，规划的指导意义也未起到作用，往往使工程建设需要进行二次改造。其次，我国缺乏对企业、居民等排水行为的翔实系统监测，缺乏排水规律等的研究和分析。再次，排水体制规划混乱、不合理。由于排水设施由多个组织和单位分管，各组织单位之间缺乏交流、沟通和协作，组织单位之间责任不清，并且，这方面我国法律法规还不够完善，对排水设施存在的问题以及发生的新问题解决不及时，对产生问题的责任相互推诿。最后，城市在防洪和排水设施设计中，强调采用分流制排水体制将污水和雨水分离开来，但由于施工时多因素造成雨污水管混接、错接严重，很难进行雨水的收集利用。

## （二）市政给排水工程规划设计中应该采取的对策

### 1. 完善市政给水系统

应该加快市政管网的普及和建设。要求设计单位在充分进行实地考察的基础上，多听取、采纳用水单位的意见，并将近期和远期相结合进行规划设计工作，促使给排水工程的建设切实做到因地制宜。比如某处道路未进行建设时，应该在主路上预留污水管和雨水管口，方便后期道路建设时的管线接入，避免重复施工、浪费资源，争取利益最大化。

### 2. 加强水资源的循环利用

水资源短缺已经成为当今全球所面临的重大问题，亟须解决城市水资源的净化和循环再利用。我们必须采取积极有效的措施，使水资源不仅能被人们充分利用，而且还能循环再利用。水资源短缺的矛盾可以通过现代科学技术来解决，它能将水资源循环再利用，还能减少淡水资源的污染和破坏。同时，应该加大对水资源循环利用方面的科学研究和财政支持，使现代科学技术为给排水工程节水提供合理的技术支持，如利用中水回用、海水淡化等方式。

### 3. 深化水价改革，增强节水意识

节水与水价的高低存在相关性，改革水价对节约用水有积极的推动作用。只有抬高水价才能让人们有滴水贵如油的感觉，大家才会真正从心底努力节约用水。节水价格机制的建立和完善有利于确定水的价格，在一些高耗水、高污染的企业、单位中实行限制用水，超额提价的方式来限制其浪费水资源。

### 4. 加大节水宣传，完善法律法规

通过舆论宣传，增强人们节水意识，加大宣传节水工具的优势等。例如，鼓励人们安装、使用节水龙头等。在给水过程中，可以采取一些降低压力手段来节约水资源，减少浪费。同时，加快给排水规范的建立和补充，并完善我国法律法规对给排水管理的法律约束，明确的管理权限、责任制度等。

## （三）市政给排水工程的设计要点和原则

### 1. 给水系统的规划设计

目前来说，我国给水系统面临巨大的压力。我们的生活中随处可见智能化的供水装置、变频供水设备的大量使用，尤其用于城市的给水管网压力时，城市的供水日系数变化较大的现象产生，高峰期时段更加严重，当供水量的增长过快时，将产生大规模的供水安全问题。所以，在城市供水压力大的问题上，通过使用高位水池或者设置对置水塔的方法来进行解决，这样可以有效减少使用水量的日变化系数，供水的安全系数也大大提高。

应该以发展的眼光对市政给排水管网进行设计，充分考虑近、远期的实际情况，留下未来城市的发展空间。例如，管道铺设过程中，对于未发展建设的道路口预留接口位置。这样不仅避免了浪费，有效地争取了效益的最大化，也为未来

城市的发展提供了很多便利。

### 2. 雨水系统的规划设计

雨水系统的规划设计在市政的给排水工程规划中至关重要，其设计的好坏与城市排洪防涝紧密相关，直接影响着一座城市是否会出现下雨天"看海"的景象。海绵城市成为现在城市研究的新热点，在进行雨水系统的规划设计时，要做到雨水的循环利用，将初期雨水弃流，后期雨水进行收集利用，一方面可以补充城市景观水体等，另一方面可以用于景观绿地的浇灌等。

### 3. 污水系统的规划设计

合流制设计与分流制设计常用于污水系统的规划设计，对于新规划建设的城区一般都采用分流制的规划设计方案，雨污水管线完全分离，不但可以减少污水厂的处理压力，而且雨水能够收集再利用。

我国大多数城市的老城区排水系统建设较为混乱，要实施雨污分流改造十分艰难。因此，对于老旧城区的改造一般采用截流式的合流制规划设计方案。虽然污水量会比分流制多，但是合流制的下水道系统可以充分利用其原下水管道的系统来进行规划，并且通过对其进行改造、重建以及完善，最终可以将技术水平控制在较雨污水低的位置，在老旧城区中得到了广泛的应用。

综上所述，市政给排水工程规划设计中存在许多问题和矛盾，如何做好这项工作意义深远。编制给排水规划应充分考虑多种因素，这不仅是城市未来发展的需要，也是水资源综合利用和保护的需要。

## 三、市政给排水工程规划设计的思考

### (一) 市政给排水工程规划设计中存在的现实性问题

#### 1. 用水量预测的方法存在缺陷

原始数据、规范和研究内容是城市给排水系统的基础处理工作，水量的预测和探析是主要的研究领域。城市用水量的预测方法分为两种：短期用水量预测法和长期用水量预测法。短期用水量预测主要是用于城市给水在短期内的需要量，主要预测方法是时间序列法；长期用水量预测主要是用于城市整体水资源规划，预测的依据是城市经济整体发展水平和人口增长速度的规律。城市给水系统用水量的预测是根据过去时段的城市供水量数据推测下一时段的城市需水量。方法是通过处理原始数据和建立用水量模型，发现、掌握城市给水系统用水量的变化规律，对下一时期的城市需水量做出科学的预测。最后预测的结果还要进行修正，目的是使模型处于最优的状态。而由于气象的影响、工业用水量变化的影响、季节的影响、水的重复利用率的影响等因素的存在，预测的数据存在偏差，此预测方法比较落后，可靠性不高，最主要的是水量预测过高。

### 2. 给排水规划和建设不能同步

随着我国经济水平的增长，城市化的速度越来越快，管理者一般采取分区域的建设方式，而给排水规划不能和建设同步是现在面临的重大课题。目前存在的主要问题是下水道系统的建设杂乱无章，很多市区的给排水系统都是由环保局、市政工程管理局等多个部门共同控制，由于各部门管辖的重点存在差异，众所周知，存在多个管理者最大的矛盾就是"要不然都不管，要不然都来管"，而各个部门之间又缺乏有效的沟通，各部门管理的范围和责任不清不楚，再加上相关法律体系还不健全，导致市政给排水工程的规划设计中现存的问题不能及时地解决，随着问题的日益积累，再出现新的问题又无法解决，导致问题的堆积。传统的防洪和给排水的规划设计中，将污水和雨水排到市外采用的是分流制排水系统，但忽视了雨水资源的再度运用。

## （二）市政给排水工程规划设计的准则

### 1. 城市人口与生态环境相结合

市政给排水工程的规划以人为基础，坚持全面协调可持续发展，调节好城市人口和生态环境存在的直接联系，以不破坏原有生态环境为条件，做好水资源的调配和循环再利用。并根据城市的地势地貌状况，设计符合实际要求的给排水系统，使居民的生活更加完美，在设计中加入节水的系统设计，合理治理污水，增加水的循环利用率。

### 2. 调节好各阶段的设计工作

市政给排水工程是一项庞大而烦琐的系统性工程，不但涉及水源的寻找以及给排水管道的开挖和管道的布置，各个阶段我们都需要按照规划设计的理念严格地执行，使市政给排水工程满足城市的发展需要，并根据发展的阶段进行规划，能够满足城市的长期发展，使规划设计紧跟时代的步伐。

### (三) 市政给排水工程规划设计的策略探讨

#### 1. 加强水资源的挖掘和循环利用

目前，水资源短缺已经成为所有地区面临的重大问题，因此，需要尽快解决的重要问题就是城市水资源的挖掘和循环利用。根据水资源的分布特点，水资源在时间和空间上的分布存在很大的差异，我们要根据不同的水质，规划设计不同的给排水方案，实现社区给排水系统的优化配置，并认真落实给排水工程的规划设计，达到施工的最优状态。现在城市水资源的供应处于被动的局面，要彻底改变这种状况，必须积极地采取有效措施，达到对水资源的充分利用，不浪费一滴水。在节约用水的同时我们不能忽视保护水资源，减少水资源的污染，给生态环境减压减排。

#### 2. 加强雨水系统方面的设计

防洪排涝是一个城市基础设施中最重要的一部分，只有建设好了这部分，才能给城市居民带来美好的生存环境，也是可持续发展的必然要求。雨水规划设计应与城市防洪排涝相组合，尤其在一些平原地带更显得极其重要。雨水系统分为两种：分流制和截流式合流制。一般情况下，新的城区多数采用第一种，旧的城区大部分采用第二种，但分流制雨水系统在实践中是很难达到的。

#### 3. 加强给排水工程管道的规划

给排水管道系统包括四方面的内容：给水管网的布置、排水管网的布置、污水管网的布置和雨水管网的布置。给水管网的布置需要根据城市建设的总规划，确定给水管道的整体规划和长度。管网的设计以树状和环状为主，树状的特点是成本低、耗材少，缺点是安全性能低，一般在中小城市采纳得比较多。环状的特点是安全性能高，缺点是成本高、耗材多，一般应用于大城市。环状雨水系统的成本高，但为了保证居民更好地生活，中小城市也应该根据实际条件多采用环状雨水系统。

### 4. 完善国家各项相关法律法规

我国给排水系统的体制仍然处于混乱的状态，我们需要运用有力的法律手段来保证给排水工程的建设和管理，依据国际上通用的规则进行设计。没有明确的管理权限、给排水工程的管理责任制度不明确等，是我国法律法规目前在这方面存在的缺陷，国家需要完善法规或者借助行政立法来解决这些方面所面临的问题，实现规划、施工、后期维修、监督部门的权力和职责的统一。

水资源的浪费和污染是制约城市发展的关键性问题，更高质量地规划设计市政给排水工程，这不仅是城市排水工程的自身需要，还是一个城市走可持续发展道路的基石。市政给排水工程的规划设计在一个城市的建设中占据极其重要的位置，它不仅能够保证城市道路的正常通行，还能对城市建设具有很重要的意义。

## 四、市政给排水系统规划设计的优化策略

近年来，随着我国城市化进程的不断推进，大量的市政基础设施建设项目也正在如火如荼地开展。其中，市政给排水系统的规划设计是城市基础建设的重点项目之一，其规划设计的合理性将直接影响城市规划设计的质量。排水系统是水循环中水质与水量的连接点，再生水利用是良好水循环中质与量的桥梁。污水的资源化、污水的再生和利用既提高了水的利用率，又有效地保护了水环境，有利于实现城市水系统的健康、良性循环。因而做好城市给水排水规划的编制，提高城市给排水设计的质量，从而对改善城市人民居住的环境、促进城市的可持续发展具有极为深远的意义。

### （一）市政给排水系统规划设计的重要性分析

一个城市的市政给排水系统设计得是否科学合理影响着这个城市的生态环境的好坏，而城市的生态环境制约着城市的经济发展水平，所以构建科学合理的市政给排水系统对于一个城市的发展十分重要。只有加强对城市市政给排水系统的规划设计才能为城市提供科学合理的市政给排水系统，因此，城市市政给排水的规划设计有着十分重要的作用。市政给排水系统是解决城市输水、排水、水资源净化等各种问题的系统，良好的市政给排水系统能够保障城市居民的用水量，同时还能够解决水资源污染、旱涝灾害等问题。可见科学、有效的城市市政给排水

设计规划对整个城市的发展有着巨大的促进作用。因此，要以整个城市的规划安排为依据，合理、有效地对城市市政给排水系统进行规划设计，有效利用水资源，改善城市环境，促进城市协调可持续发展。

良好的市政给排水规划设计能够提高居民的生活质量，它不仅可以有效为居民提供用水量，还能够控制和解决水污染、洪涝灾害等问题。给排水系统不仅包含供水和排水两条管道系统，还包括生活污水处理、洪水排泄等系统功能。规划设计一个良好的市政给排水系统，可以妥善处理每一个给排水环节，从而使得居民的生活环境得到改善，提高居民的生活质量。合理有效的市政给排水系统可以提高水资源的利用效率。我国水资源分布不均，且水资源浪费和污染相当严重，加上最近几年我国经济得到快速发展，造成更多的水资源污染和浪费问题。这要求城市建设的过程中要科学合理地规划设计城市市政给排水系统。只有这样才能使得城市的市政给排水系统有效处理城市污水，做到节约水资源，并提升水资源的利用效率，实现城市经济繁荣稳定发展。

## (二) 市政给排水系统规划设计的优化策略探讨

### 1. 给水系统规划设计

随着变频供水设备大量使用，特别是城市给水管网压力智能直接供水装置的推广应用（取消屋面水箱），在中观层面出现的问题是城市供水日变化系数变大、高峰供水量增大，从而相应加大水厂供水规模。因此，在这种背景下，城市供水系数应考虑设置对置水塔或高位水池的方式来降低日变化系数，同时也提升供水安全度。同时给水系统规划设计应充分考虑近远期结合，为未来留下发展空间，比如道路管线综合时给水管位的预留，给水管径合理确定，等等，避免重复投资，争取效益最大化。

### 2. 雨水系统规划设计

雨水系统规划设计应与城市防洪排涝规划和城市竖向规划相结合，特别是地处平原、盆地的城区，这三者的有机配合显得更为重要。比如，市区内河设计标准采用五年一遇不漫溢（水利标准，相当于城建一年一遇标准），而相应道路排水重现期 $P=1$ 年情况下，两者洪峰相遇是经常性的，雨水管道出口经常是压力出流，因此雨水系统要进行必要的压力流校核，同时与竖向标高相协调，避免在重现期 $P=1$ 情况下，雨水溢出路面。

### 3. 城市污水系统规划设计

对城市生产和生活造成的污水，在新建设的城区中污水排放大多是采用分流制；而旧城区的老污水管道系统，排放方式一般都是采用合流制。在老城区中，城市雨水和污水系统早已建成，对老城区的雨污水管道的合理拆分，分流排放改造，是排水规划调整时首要解决的问题，因此分析现有雨污水系统排放条件，本着雨水就近排入城市雨水系统或河道流域，而污水就要纳入整个城市污水排放体系，最终进入污水厂统一处理后达标排放，对合流管道合理分流，是老城区污水系统规划设计时需要解决的。在新建设的城区中污水管道的规划是与城市给水管道规划相辅相成的，污水量的来源应与该区域给水用量相结合，根据合理的给水量，确定出切合实际的污水流量，规划设计出合理的污水管道系统。

### 4. 市政排水防洪排涝规划设计

城市的防洪排涝也是规划设计很重要环节，在设计城市排洪防涝时要格外慎重，要注意提高防洪排涝设计的合理性。城市防洪排涝在于外洪和内涝，对于外洪要以防为主，而内涝以雨水排出和洪水滞蓄为主，造成内涝的客观原因是降雨强度大、范围集中，规划设计时就要考虑雨水排除系统和雨水滞蓄措施相结合，在雨水管道规划设计时考虑雨水排放能力的同时，还要对管道雨水滞蓄能力进行核算，使雨水管道规划设计既可满足雨水排出的需要，又要达到城市雨水滞蓄要求，同时也可考虑城市其他方面建设时兼顾对雨水滞蓄的调节。在建筑设计中，可采用渗滤沟、渗井、绿色屋顶、植草沟等措施，对雨水的洪峰流量进行调蓄达到削峰滞蓄，使城市洪峰均衡泄流。

总之，市政给排水系统作为城市最基本的设施，对其进行规划设计是一项非常复杂的工程，所以需要科学、合理地进行，不仅要充分考虑当前城市水资源、水环境、水灾害等问题，同时还要对城市发展过程中可能遇到的一系列问题进行充分的考虑，从而保证城市给排水系统的规划设计的质量，这不仅是城市正常发展的需要，同时也是城市未来发展的保障。

# 第三节 市政给水排水工程施工基础

## 一、市政给排水工程施工技术

市政给排水工程涉及的施工工艺比较复杂，施工过程受地质水文和地下隐蔽工程等环境因素的影响较大。因此，工程质量管理原本就有很大难度。加上过去由于施工技术问题以及监管不严，或者市政规划遗留的给排水系统的质量和设计标准问题，让新的市政给排水工程项目的质量管理面临更加复杂的局面，因此需要我们高度重视市政给排水施工技术水平。

对于城市来讲，在其正常运转的过程中，无论是从经济角度还是人们的日常生活角度来讲，水都属于不可或缺的重要资源。而在城市市政工程建设过程中，给排水施工工程起到对城市运转过程中生产以及生活用水和废水进行处理的作用。因此，为了能够更好地使城市发展，并且对人们的日常生活进行保障，市政给排水工程施工质量需要进行严格的控制与监督管理。

### （一）市政给排水工程施工现状

首先，市政部门是为人民服务的，是公共部门，对于公共部门的项目建设，重点是质量。然而当前的给排水项目，在材料进入施工场地前，并没有出示有关的质量检验书与出厂合格证，有些材料的质量很差，应用这样的材料建设起来的给排水项目，用不了几年就会发生问题，再实施返修是特别麻烦的。假如材料质量差，让城市的污水不能排出去，或是供不上居民的用水，严重时也许会造成整个城市供水的瘫痪，危害很大。其次，市政给排水项目中安装给排水管道是最重要的施工程序，给排水管道的安装质量直接影响日后市政排水体系的运行质量与发挥整体功能。然而现阶段，市政给排水新项目施工单位的管道安装工程综合素质相对较低，而且没有专业的技术，还有不准确的复测，不到位的挂线、不准确的放线部位等，造成在安装给排水管道中发生管节错口、位移超标和管道反坡等问题，影响到给排水项目的施工质量。

## （二）市政给排水工程施工技术控制要点分析

### 1. 准备工作

一是在市政给排水工程的准备阶段，其管理改进的切入点之一就体现在图纸管理上。市政给排水工程的图纸管理在整个施工中起到了相当重要的作用，工程的图纸一定要进行有针对性的细化，尽量具体到哪一天哪些人要干哪些事情，从而保证整个图纸在工程建设中的指导意义。另外，图纸是市政给排水工程的设计蓝图，承载着市政给排水工程专家工程师对于工程实施方法的心血，一定要做好相关图纸的保密工作，对于废旧的图纸进行销毁处理，从而保证市政给排水工程的图纸管理上的安全高效。

二是设计管理。市政给排水工程要提高相应的设计水平。在设计上，设计师要综合考虑市政给排水工程多方面的情况，可以考虑2~3个设计师一起设计的方法，设计中继续集思广益，将应考虑的方面进行扩大，充分考虑民生的各个方面，从而提高市政给排水工程在基层群众中的支持率。另外，新时期的市政给排水工程不能继续沿袭传统的粗犷式发展，在市政给排水工程的一些细节上要多加关注，将一些施工细节也考虑在设计之中，让市政给排水工程设计中充分发挥"精益思想"。

### 2. 施工阶段

（1）测量放线技术

良好的市政给排水施工测量，能够给整个施工过程带来非常积极的影响，所以，这项工作一定要由拥有丰富经验的技术人员来完成，保证测量的精准和及时。想要保证每个施工环节都能够顺利开展，就必须严格测量要求，在自检自测环节中可以提高50%的允许偏差精度比来要求自身，这部分可以让专业技术人员来独自完成，然后再由其他专业人员进行复核。

（2）沟槽开挖与施工

市政给排水工程施工的过程中，土方开挖的工程量通常较大。并且，在沟槽开挖过程中，基本都是挖掘机、推土机、人工开挖相结合的方式，施工质量的控制难度较大。为此，需要在沟槽开发时，根据放坡范围以及施工高程状况，严格控制开挖深度，不宜过度开挖。此外，施工过程中，还要严格避免沟槽处理不到位造成管基下沉，影响整个管道运行。在市政给排水工程的施工过程中，对施工测量技术性能的要求较高。为此，施工单位必须安排专业人员进行施工测量，确保施工测量数据的准确性。这是因为，精准的施工测量，是实现管道安装合格的前提条件。在施工测量过程中，还要注意时刻检测仪器的性能，避免因为仪器性能不稳定影响施工的测量精度。

（3）管道安装

当进行给排水管道安装过程时，施工人员必须严格按照设计规范来施工，不能贪图方便，我行我素地进行施工，当施工过程中遇到阻碍，要第一时间与设计人员沟通情况。在管道安装期间发生中断施工操作时，要将管口密封好，尤其是在安装竖管时特别注意，可使用麻袋、木板或者布来堵塞管口，避免杂物流入管道中，造成管道堵塞的情况。当给排水安装过程中，不慎造成管道阻塞，这时一定要尝试清理干净堵塞物或者干脆更换管道重新安装。发生管道系统堵塞时，施工人员可以进行区域检查的方式来找到堵塞位置，进行补救。

**3. 竣工验收技术**

管道施工全部完成后，需要通过闭水试验做好管道的全面检查。验收需要在施工完成以后进行，通过检查，及时发现管道是否存在拥堵、破漏现象，如果出现管道间对接处渗水漏水、通道基底部不稳固的问题，一定要及时进行修正，避免埋下安全隐患。排水管道做闭水试验应按设计要求和试验方案进行，试验管段应按井距分隔，抽样选取，带井试验。试验管段灌满水后浸泡时间不应少于24 h，检查管道是否存在漏水现象。

综上所述，市政给排水管道工程是城市建设中不可缺少的重要的组成部分，因此在进行给排水工程施工的过程中，一定要不断地变换思维、深入研究、大胆创新，采用可行的新技术、新工艺，防止出现监管缺位的情况，严格施工的同时还应该加强给排水施工过程的监管力度，避免出现工程质量、安全事故。

## 二、市政给排水设计的合理性建议

近年来，随着我国社会经济的快速发展，以及城市化的不断推进，我国对于基础设施的需求在不断增加。我国在进行城市建设的过程中使用了大量硬化路面，而硬化路面的使用需要有很好的排水系统，否则非常容易造成城市内涝，给人们的出行和生活带来极大不便。同时城市大量的人口以及各个行业的发展都需要水资源，因此需要建设完备的供水系统满足人们对于清洁水资源的需要。

我国当前非常重视城市建设，因此我国的城市化水平在不断提升，在城市生活的人口数量在不断增加，这给城市的发展带来的很大的压力，十分容易产生"城市病"。我国许多城市在发展的过程中一味地扩张城区面积，但是对于城市的给排水系统建设并不重视，这导致在近年来产生了内涝、水污染、自来水质量不合格的情况。因此需要加强城市给水系统和排水系统的共同建设才能够真正发挥城市给排水系统的作用，保证城市的水源的清洁，防止城市产生内涝，保证人们生产生活的正常进行，树立良好的政府形象。

## （一）市政给排水施工概述

### 1. 市政给排水

城市给水和供水工作是城市给排水系统中的重要组成部分。我国城市居民不断增加，因此对于水资源的需求和消耗也在不断增加。同时，近年来随着人们生活水平的不断提高，人们对于水资源质量的要求也在不断提升。城市给水和供水工作直接关系到人们的正常生产生活，同时也是保障人们生命安全的重要设施和系统，因此政府应当加强对城市整体供水系统的建设，保障充足的供水量和供水质量。

### 2. 城市地表和地下排水工作

目前城市主要采用的是硬化路面，硬化路面虽然能够方便人们的生活，但是在下雨时会有大量的积水，严重时会产生城市内涝的现象。人们在生产和生活的过程中会产生大量的生活污水和工业污水。如此大量的污水存在对于城市环境来说是很大的压力，因此在进行排水工程建设的过程中往往进行地表和地下排水工程的建设工作，如果不对这些污水进行很好的处理就会影响人们的正常生产生活，同时也会对城市的环境造成恶劣的影响。

### 3. 市政给排水施工的重要性

我国的城市给排水系统工程的发展已经达到了一定的程度，有着一定的良好基础，但是还远远不能满足城市对于给排水工程建设的需求，还有很多需要完善的地方。建立一个更加完善的城市给排水系统对于人们的生产生活有着十分重要的意义，同时给排水工程建设对于政府形象的提升有着重要的作用，能够成为一个城市整体建设质量的名片。

## （二）我国市政给排水施工中存在的问题

### 1. 市政给排水施工缺乏规范

我国在开展城市给排水系统施工的过程中，目前遇到一个最主要的问题就是在缺乏规范性的管理，施工往往受到当地行政管理部门的限制。在开展具体施工的过程中往往按照相应的建设程序进行建设工作，对于项目中的法人基本制度、工程管理制度、合同制定与修改制度都没有很好地遵守。总体来说就是市政给排水施工缺少相应的规范，导致在建设的过程中经常出现问题，影响施工的质量和整体进度。

### 2. 城市供水水源较少

城市供水水源少，是我国城市整体供水系统中存在的重要问题，我国许多城市周围并没有河流湖泊等水资源。在进行城市供水的时候往往使用地下水资源，但是地下水资源有一定的限量，在过度使用后会出现缺水情况，对城市的供水造成非常大的影响。这个时候城市会使用其他水资源进行整体的供水工作。同时城市过度使用地下水，会对城市的地理环境造成十分不利的影响，容易出现地面沉降的情况。

### 3. 城市整体排水系统设计不够合理

我国城市整体排水系统，在设计的过程中不够合理，只考虑到了城市居民的基本需求，但是对于特殊的气候条件尤其是极端气候条件并没有充分考虑。近年来，在我国许多大城市和特大城市，在出现暴雨的时候，雨水的总量大大超出城市排水系统的最大负荷，发生了严重的城市内涝，不仅影响到了人们的正常生产生活，同时也造成人员伤亡，给城市的发展带来了损失。城市内涝过程中，城市的地下污水会影响到人们的生活环境和生活质量，对人们的生活造成严重的影响。

### 4. 市政给排水管道网过于混乱

我国城市建设的时间较晚，在进行城市整体及排水管道建设的过程中，缺乏对于给排水管道网络的合理规划和设计。同时，我国在进行城市基础设施建设的过程中，偏重对于公路以及建筑的建设，忽视了对于城市及排水管道网络的建设，这导致我国现在城市的基本排水管道网络十分混乱和复杂。

## （三）提升我国城市给排水工作质量的建议

### 1. 充分开发和利用水资源

要想提升我国城市整体的给排水质量就须充分开发和利用水资源。从上文可以看出，我国许多城市的供水系统存在问题，其中最大的问题是清洁水源的缺乏，因此进行水资源开发和循环再利用能够大大缓解水资源紧张。要对城市周围的江河湖泊进行合理的开发工作，保证城市供水资源的充足。同时应当加强对于水资源的综合利用，要对生活污水和工业污水进行处理，要保证处理过的污水能够达到规定的水质标准。目前在水资源利用方面的最大难点是污水处理技术不高，用户不敢使用循环利用的水进行生产和生活，因此应当提升污水处理的整体质量，保证循环利用水的安全。

### 2. 妥善进行市政给排水管道的修改和设计

我国以往在进行市政给排水管道设计和施工的过程中存在给排水管道网络混乱的情况，这严重影响到了给排水管道的正常使用。因此，我国应当在进行建设的过程中根据城市的具体发展情况对以往不符合规范或者混乱的管道进行重新建设，同时要设计并规划出合理的城市给排水管道网络。在以后进行城市给排水管道建设的过程中依照设计好的网络进行建设工作，防止城市给排水管道的混乱，提升城市给排水管道建设质量。

### 3. 加强对于排水工程的投入和建设

进行城市排水工作需要很大的人力、物力和财力投入，政府要想达到更好的排水工程排水效果，需要加大对城市排水工程的资金投入和人力投入。资金的投入主要是对整体工程的建设，人力的投入主要是对排水工程后期的维护和检修。要对城市的高污染企业的排水和用水进行限制，要求高污染企业对其自身的高污

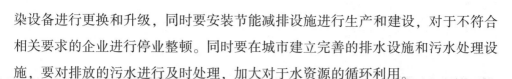

染设备进行更换和升级，同时要安装节能减排设施进行生产和建设，对于不符合相关要求的企业进行停业整顿。同时要在城市建立完善的排水设施和污水处理设施，要对排放的污水进行及时处理，加大对于水资源的循环利用。

综上所述，我国近年来在开展给排水工作的建设过程中存在诸多问题，如城市给水资源缺乏、城市给排水管道混乱，以及城市给排水系统管理混乱等情况。这些情况导致很多问题的出现，会严重影响人们的正常生产和生活，所以城市的相关部门应当进行很好的给排水工程建设，充分地开发和利用水资源，完善城市排水系统建设，加强对城市整体及排水工程的管理工作，真正发挥城市基础设施，树立更好的政府形象。

### 三、市政给排水工程管道施工管理要点

市政给排水管道是一个城市建设发展的必备基础设施，也直接关系一个城市的城市面貌，在给排水工程中，管道是最重要的构成要件，管道施工的质量直接影响城市给排水的畅通。

市政给排水工程是一项相对隐蔽的工程，管道铺设在地下，施工作业需要挖开地面。随着城市的发展，城市地下管线错综复杂，给排水施工不仅要避开其他管线，还要根据地形地质工程需要做科学规划，在施工时也要与其他部门协调沟通好，才能顺利进行施工。我们在给排水管道铺设时要高度重视工程质量，加强对施工质量要点的管控，尽量降低安全隐患和减少后期维修。

（一）市政给排水管道施工常见的问题

市政给排水管道施工路线选择欠缺合理性：在市政工程的施工阶段，给排水管道施工路线的选择十分重要，虽然我们已经形成了一套比较完整的给排水管道施工理念，但是在实际操作中仍会出现一些问题，比如管道路线选择的经济性，一些工程盲目追求工程效益的最大化，选择管道铺设的路线不符合地势条件，或者不符合设计规范的要求，造成了管道施工后的质量不稳定；路线选择缺乏科学性，施工路线没有经过科学合理的测量和论证就武断下定结论，管道铺设的影响因素考虑不全，必然会造成管道质量存在隐患；管道质量不过硬，管材存在瑕疵就容易造成腐蚀漏水、污染水质的现象，接口质量差还有可能会导致整体管线的

局部断裂，漏水严重浸泡槽底，久而久之管道沉陷，会给地下管线工程和路面、地面构筑物带来很大安全隐患；管道的配件老化现象也比较严重，随着城市发展速度的加快，给排水管道也承担着比以前更多的工作量，配件消耗增大，橡胶圈、阀门这些配件的使用寿命也会逐渐缩短，这对给排水工程的稳定性都是不利影响因素。

## （二）市政给排水管道施工准备阶段的质量管理

### 1. 完善图纸设计，熟悉施工过程

图纸是施工的依据和标准，在进行施工之前，必须对施工现场进行勘测检查，做全面的分析，对地层、地下水的情况做详细的了解，根据给排水系统功能的需要设计出相应的管道位置、深浅、尺寸等，综合工程实际情况进行图纸设计，并且施工单位的工作人员要掌握数据的精准性，以免在今后的施工中出现偏差；图纸设计好后，在施工前，要让相关的施工人员对项目图纸进行熟悉，明确施工中应注意的技术要点和难点，特别把控工程质量符合设计的要求规定，对有可能出现的质量问题提前做好防范措施，减少返工和后期维修。

### 2. 对施工材料的质量进行全面检验

在施工过程中要对所使用的材料进行检验，无论是管材、配件、砂石、水泥等材料都要做详细的检查，对产品合格证、生产许可证等相关材料进行验看，如果有质量问题绝对不能投入使用，要确保材料的质量过关；在安装前要进行第二层次检查，发现有疑问的材料要停止使用或者处理合格后方可继续使用。

## （三）市政给排水管道的施工过程中的质量管理

### 1. 沟槽开挖与支护施工管理

沟槽开挖是管道安装的前提，也是基础工作，对管道施工质量有最直接的影响，因此在沟槽开挖时要注意以下几点：在开挖前要明确施工中的关键部位，对地下已存的电缆和其他管道、构筑物进行排查，并与相关部门做确认沟通，保证清除开挖的障碍物，对开挖地区进行重点保护；要明确开挖现场的地质、水文情况，根据实际来确定开挖方式；如果采取机械开挖，则需要在槽底铺设 20～30

cm 的保护层，施工完毕后再行清理；要做好沟槽的防水工作，并防止沟槽内出现积水现象。

沟槽开挖快要完结时，要迅速做好管道基础的准备工作，为减少沟底基土的暴露时间，应尽快将碎石摊平压实以及进行浇筑；支撑管道用的撑木、撑板应衔接紧密，如果发现松动的现象，则应立即采取措施进行加固。

**2. 管道安装的质量管理**

要保证管材和配件的质量过关，对于不符合标准要求的材料不予入场；垫层验收合格后可下管安装，管道安装前要对管内外清洁处理，保证其干净无杂物；下管时要采用柔性吊索，不可使用钢丝绳直接穿入管内吊起，以防对管壁造成损坏；吊管前要测量好管体的重心并做出标记，以便绑管时不会发生偏重现象，对管道应平吊轻放，避免管道之间或管道与基底发生碰撞。

**3. 进行闭水试验检测管道严密性**

管道安装完毕后进行严密性测试，要确保管道外观质量符合要求，沟槽内没有积水、没有回填土，对管道进行隔段测试，每段管道的长度最好在 1 km 之内，逐段进行检测。需要检测的管段应将管口封堵严实，然后往管内注满水，观察 24 h。闭水试验是为检测管道是否存在漏水现象，是一个确定渗水量的过程，当测定出的渗水量低于最小渗水量要求时可以认定管道的严密性符合要求。

**4. 沟槽回填的质量管理**

当管道施工验收合格后则要对沟槽进行回填，要注意沟槽两侧同时进行回填，以保持其平衡性，槽底至管顶以上 50 cm 处的回填土内不得含有冻土、有机物、大块砖石等杂物，在抹带接口处要注意使用细粒回填料进行填充，回填材料应当夯实压紧，对填土的含水量进行测试，确保含水量不会影响填土的密实度，填土表面要平整光洁，不得出现松散、离析现象。

城市建设的飞速发展带动了市政给排水工程建设的不断增多，同时也对市政给排水工程提出了更高的要求，因此我们在做市政给排水施工时要严格按照设计与国家规范规定的标准来执行，建设符合实际情况的给排水工程，加强对施工各环节的质量把控与统筹管理，努力提高工程质量，能够节约水资源，缓解城市用水压力，让市政给排水管网更好地为人民服务。

# 第二章 城市给水管网系统的设计计算

## 第一节　给水管网系统的规划与设计

### 一、给水管网的布置

给水管网的布置合理对管网的运行安全性、适用性和经济性至关重要。给水管网的布置包括二级泵站至用水点之间的所有输水管、配水管及闸门、消火栓等附属设备的布置，同时还须考虑调节设备（如水塔或水池）。

#### （一）给水管网的布置原则

第一，按照城镇规划平面图布置管网，布置时应考虑给水系统分期建设的可能，并留有充分的发展余地。

第二，管网布置必须保证供水安全可靠，当局部管网发生事故时，断水范围应减到最小。

第三，管线遍布在整个给水区内，保证用户有足够的水量和水压。

第四，力求以最短距离铺设管线，以降低管网造价和供水能量。

#### （二）给水管网的布置形式

给水管网的布置形式基本上分为两种：树状网（或称枝状网）和环状网。树状网一般适用于小城镇和小型工矿企业，这类管网从水厂泵站或水塔到用户的管线布置成树枝状向供水区延伸。树状网布置简单，供水直接，管线长度短，节省投资。但其供水可靠性较差，因为管网中任一段管线损坏时，其以后的所有管线就会断水。另外，在树状网的末端因用水量已经很小，管中的水流缓慢甚至停滞不流动，水质容易变坏。

在环状管网中，管线连成环状，当任一管线损坏时，可关闭附近的阀门将管线隔开，进行检修，水还可从其他管线供应用户，断水的区域可以缩小，供水可靠性增加。环状网还可以大大减轻因水锤作用产生的危害，而在树状网中，则往往因水锤而使管线损坏。但是环状网的造价要明显高于树状网。

城镇给水管网宜设计成环状网，当允许间断供水时，可设计为树状网，但应考虑将来连成环状管网的可能。一般在城镇建设初期可采用树状网，以后发展逐步建成环状网。实际上，现有城镇的给水管网，多数是将树状网和环状网结合起来。供水可靠性要求较高的工矿企业须采用环状网，并用枝状网或双管输水到个别较远的车间。

## 二、给水管道定线

### (一) 输水管渠定线

从水源到水厂或水厂到管网的管道或渠道称为输水管渠。输水管渠定线就是选择和确定输水管渠线路的走向和具体位置。当输水管渠定线时，应先在地形平面图上初步选定几种可能的定线方案，然后沿线踏勘了解，从投资、施工、管理等方面，对各种方案进行技术经济比较后再决定。当缺乏地形图时，则须在踏勘选线的基础上，进行地形测量绘出地形图，然后在图上确定管线位置。

输水管渠定线的基本原则：第一，输水管渠定线时，必须与城市建设规划相结合，尽量缩短线路长度，保证供水安全、减少拆迁、少占农田、减小工程量，有利施工并节省投资；第二，应选择最佳的地形和地质条件，最好能全部或部分重力输水；第三，尽量沿现有道路定线，便于施工和维护工作；第四，应尽量减少与铁路、公路和河流的交叉，避免穿越沼泽、岩石、滑坡、高地下水位和河水淹没与冲刷地区、侵蚀性地区及地质不良地段等，以降低造价和便于管理，必须穿越时，须采取有效措施，保证安全供水。

为保证安全供水，可以用一条输水管并在用水区附近建造水池进行调节或者采用两条输水管。输水管条数主要根据输水量发生事故时须保证的用水量输水管渠长度、当地有无其他水源和用水量增长情况而定。供水不允许间断时，输水管一般不宜少于两条。当输水量小、输水管长或有其他水源可以利用时，可考虑单管输水另加水池的方案。

输水管渠的输水方式可分成两类：第一类是水源位置低于给水区，如取用江河水，须通过泵站加压输水，根据地形高差、管线长度和水管承压能力等情况，还有可能须在输水途中设置加压泵站；第二类是水源位置高于给水区，如取用蓄水库水，可采用重力管（渠）输水。根据水源和给水区的地形高差及地形变化，输水管渠可以是重力管或压力管。远距离输水时，地形往往起伏变化较大，采用压力管的较多。重力管输水比较经济，管理方便，应优先考虑。重力管又分为暗管和明渠两种。暗管定线简单，只要将管线埋在水力坡线以下并且尽量按最短的距离供水；明渠选线比较困难。

为避免输水管局部损坏，输水量降低过多，可在平行的两条或三条输水管之间设连接管，并装置必要的阀门，以缩小事故检修时的断水范围。

输水管的最小坡度应大于 $1:5D$（$D$ 为管径，以 mm 计）。管线坡度小于 $1:1000$ 时，应每隔 $0.5\sim1$ km 在管坡顶点装置排气阀。即使在平坦地区，埋管时也应人为地铺出上升和下降的坡度，以便在管坡顶点设排气阀，管坡低处设泄水阀。排气阀一般以每千米设一个为宜，在管线起伏处应适当增设。管线埋深应按当地条件确定，在严寒地区铺设的管线应注意防止冰冻。

长距离输水工程应遵守下列基本规定：

1. 应深入进行管线实地勘察和线路方案比选优化。对输水方式、管道根数按不同工况进行技术分析论证，选择安全可靠的运行系统；根据工程具体情况，进行管材、设备的比选，通过计算经济流速确定管径。

2. 应进行必要的水锤分析计算，并对管路系统采取水锤综合防护设计，根据管道纵向布置、管径、设计水量、功能要求，确定空气阀的数量、形式、口径。

3. 应设测流、测压点，并根据需要设置遥测、遥信、遥控系统。

（二）城镇给水管网

城镇给水管网定线是指在地形平面图上确定管线的走向和位置。定线时一般只限于管网的干管及干管之间的连接管，不包括从干管取水再分配到用户的分配管和接到用户的进水管。干管管径较大，用以输水到各地区。分配管是从干管取水供给用户和消火栓，管径较小，常由城镇消防流量决定所需最小管径。

由于给水管线一般铺设在街道下，就近供水给两侧用户，所以管网的形状常随城镇的总平面布置图而定。城镇给水管网定线取决于城镇平面布置，供水区的地形，水源和调节水池的位置，街区和用户（特别是大用户）的分布，河流、铁路、桥梁等的位置等，考虑的要点如下：

1. 定线时，干管延伸方向应和二级泵站输水到水池、水塔、大用户的水流方向一致，循水流方向，以最短的距离布置一条或数条干管，干管位置应从用水量较大的街区通过。干管的间距，可根据街区情况，采用 500~800 m。从经济上来说，给水管网的布置采用一条干管接出许多支管，形成树状网，费用最省；但从供水可靠性考虑，以布置几条接近平行的干管并形成环状网为宜。干管和干管之间的连接管使管网形成环状网。连接管的间距可根据街区的大小考虑在 800~1 000 m。

2. 干管一般按城镇规划道路定线，但应尽量避免在高级路面或重要道路下通过，以减少今后检修时的困难。

3. 城镇生活饮用水管网，严禁与非生活饮用水的管网连接，严禁与自备水源供水系统直接连接。生活饮用水管道应避免穿过有毒物质污染及腐蚀性地段，无法避开时，应采取保护措施。

4. 管线在道路下的平面位置和标高，应符合城镇或厂区地下管线综合设计的要求，包括给水管线和建筑物、铁路及其他管道的水平净距、垂直净距等的要求。

考虑了上述要求，城镇管网通常采用树状网和环状网相结合的形式，管线大致均匀地分布于整个给水区。

管网中还须安排其他一些管线和附属设备，例如在供水范围内的道路下须铺设分配管，以便把干管的水送到用户和消火栓。分配管直径至少为 100 mm，大城市采用 150~200 mm，目的是在通过消防流量时，分配管中的水头损失不致过大，导致火灾地区水压过低。

(三) 工业企业管网

根据企业内的生产用水和生活用水对水质和水压的要求，两者可以合用一个管网，或者可按水质或水压的不同要求分建两个管网。即使是生产用水，由于各车间对水质和水压要求也不一定完全一样，因此在同一工业企业内，往往根据水质和水压要求，分别布置管网，形成分质、分压的管网系统。消防用水管网通常不单独设置，而是和生活或生产给水管网合并，由这些管网供给消防用水。生活用水管网不供给消防用水时，可为树状网，分别供应生产车间、仓库、辅助设施等处的生活用水。生活和消防用水合并的管网，应为环状网。生产用水管网可按照生产工艺对给水可靠性的要求，采用树状网、环状网或两者相结合。不能断水的企业，生产用水管网必须是环状网，到个别距离较远的车间可用双管代替环状网。

大型工业企业的各车间用水量一般较大，所以生产用水管网不像城镇管网那样易于划分干管和分配管，定线和计算时全部管线都要加以考虑。

## 三、设计用水量

给水工程应按远期规划、远近期结合、以近期为主的原则进行设计。近期规划设计年限宜采用 5~10 年，远期规划设计年限宜采用 10~20 年。设计用水量是城镇给水系统在设计年限达到的用水量，包括综合生活用水（居民生活用水和公共建筑用水）、工业企业用水、浇洒道路和绿地用水、管网漏损水量、未预见用水、消防用水等。

由于用水具有随机性，用水量是时刻变化的，只能按一定时间范围内的平均值进行计算，通常采用以下方式表示：

第一，平均日用水量，即规划年限内，用水量最多 1 年的日平均用水量。该值一般作为水资源规划和确定城镇污水量的依据。

第二，最高日用水量，即用水量最多 1 年内，用水量最多 1d 的总用水量。该值一般作为给水取水与水处理工程规划和设计的依据。

第三，最高日平均时用水量，即最高日用水的每小时平均用水量，实际上只是对最高日用水量进行了单位换算。

第四，最高日最高时用水量，即用水量最多的 1 年内，用水量最高日中，用水量最大的 1 h 的总用水量。该值一般作为给水管网规划与设计的依据。

用水量定额是指设计年限内达到的用水水平，是确定设计用水量的主要依

据，它可影响给水系统相应设施的规模、工程投资、工程扩建期限、今后水量的保证等方面，因此必须慎重考虑，应结合现状和规划资料并参照类似地区或工业的用水情况确定。

（一）综合生活用水

综合生活用水包括城镇居民日常生活用水和公共建筑及设施用水两部分的总水量。居民日常生活用水指城镇居民的饮用、烹调洗涤、冲厕、洗澡等日常生活用水。公共建筑及设施用水包括娱乐场所、宾馆、浴室、商业、学校和机关办公楼等用水，但不包括城市浇洒道路、绿地和市政等用水。

居民生活用水定额和综合生活用水定额应根据当地国民经济和社会发展、水资源充沛程度、用水习惯在现有用水定额，结合城镇总体规划和给水专业规划，本着节约用水的原则，综合分析确定。

（二）工业企业用水

在城市给水中，工业用水占很大比例，通常在50%左右。工业生产用水一般是指工业企业在生产过程中，用于冷却、空调、制造、加工、净化和洗涤等方面的用水。工业企业用水量应根据生产工艺的要求确定。大工业用水户或经济开发区宜单独进行用水量计算；一般工业企业的用水量可根据国民经济发展规划，结合现有工业企业用水资料分析确定。

（三）浇洒道路和绿地用水

浇洒道路和绿地用水量应根据路面绿化、气候和土壤等条件确定。浇洒道路用水可按浇洒面积以 $2.0 \sim 3.0$ L/（$m^2 \cdot d$）计算；浇洒绿地用水可按浇洒面积以 $1.0 \sim 3.0$ L/（$m^2 \cdot d$）计算。干旱地区可酌情增加。

（四）管网漏损水量

城镇配水管网漏损水量一般宜按综合生活用水、工业企业用水、浇洒道路和绿地用水三项用水量之和的 $10\% \sim 12\%$ 计算，当单位管长供水量小或供水压力高时可适当增加。

### （五）未预见用水

未预见用水量应根据水量预测时难以预见因素的程度确定，一般宜按综合生活用水、工业企业用水、浇洒道路和绿地用水、管网漏损水量四项用水量之和的8%～12%计算。

### （六）消防用水

消防用水只在火灾时使用，历时短暂，但从数量上说，它在城镇用水量中占有一定的比例，尤其在中小城镇，所占比例更大。

城镇、居住区室外消防用水，应按同时发生的火灾次数和一次灭火的用水量确定。

## 四、用水量变化

各种用水量都是经常变化的，但它们的变化幅度和规律不同。生活用水量随着生活习惯、气候和人们生活节奏等变化。从我国各城市的用水统计情况来看，城市人口越少，工业规模越小，用水量越低，用水量变化越大。工业企业生产用水量的变化一般比生活用水量的变化小，但也是有变化的，而且少数情况下变化还很大，如化工厂、造纸厂等。生产用水量中的冷却用水、空调用水等，受水温、气候和季节影响变化很大。其他用水量变化也都有各自的规律。

通常所说的用水量定额只是一个平均值，在设计时，必须考虑用水量逐日、逐时的变化情况。城市用水量的变化可以用变化系数和变化曲线表示。

在规划设计年限内，一年之内用水最高的1d的用水量称为最高日用水量，在最高日内用水量最大1h的用水量称为最高时用水量。最高日用水量与平均日用水量的比值称为日变化系数；最高日内，最高时用水量与平均时用水量的比值称为时变化系数。

我国大城市的用水情况，1d之内6—10时和17—20时是用水高峰，但总的变化是比较平缓的，没有特殊的高峰，这是由于大城市用水量大，用水对象种类和数量多，工业、商业、公用事业和生活用水等各种用水高峰可能错开，使变化系数减小，供水量较为均匀。城镇供水的时变化系数、日变化系数应根据城镇性质和规模、国民经济和社会发展、供水系统布局，结合现状供水曲线和日用水变化分析确定。在缺乏实际用水资料的情况下，最高日城市综合用水的时变化系数宜采用 1.2~1.6；日变化系数宜采用 1.1~1.5。大中城市用水比较均匀，可取下限；小城市可取上限或适当放大。

## 五、设计用水量预测计算

城市用水量预测有多种方法，在工程规划时要根据具体情况，选择合理可行的方法，必要时可以采用多种方法计算，然后比较确定。

### (一) 分类估算法

城市用水量计算包括设计年限内该给水管网系统所供应的全部用水量，包括综合生活用水量、工业企业用水量、浇洒道路和绿地用水量、管网漏损水量、未预见水量和消防用水量，但不包括工业自备水源所需的水量。由于消防用水量是偶然发生的，不累计到总用水量中，仅作为设计校核使用。

1. 城镇或居住区最高日生活用水量：

$$Q_1 = \sum (q_j N_j) \tag{2-1}$$

式中：$q_j$——不同卫生设备的居住区最高日生活用水定额，L/（人·d）；

$N_j$——设计年限内计划用水人数。

参照有关规范规定并结合当地情况合理确定用水量定额，然后根据计划用水人数计算生活用水量。如规划区内，卫生设备、生活标准不同，则须分区计算，然后加起来计算总用水量。生活用水定额分居民生活用水定额和综合生活用水定额，若以前者计算需要单独计算公共建筑用水量 $Q_建$，即

$$Q_建 - \sum (q_j N_j) \tag{2-2}$$

式中：$q_j$——各公共建筑的最高日用水量定额，L/（人·d）；

$N_j$——各公共建筑的用水单位数，人或床等。

2. 工业企业用水量：

$$Q_2 = \sum (Q_I + Q_{II} + Q_{III}) \tag{2-3}$$

式中：$Q_I$——各工业企业的生产用水量，m³/d；

$Q_{II}$——各工业企业的职工生活用水量，$m^3/d$；

$Q_{III?}$——各工业企业的职工淋浴用水量，$m^3/d$。

3. 浇洒道路和绿地用水量：

$$Q_3 = \sum (q_L N_L) \qquad (2-4)$$

式中：$q_L$——用水量定额，$L/(m^2 \cdot d)$；

$N_L$——每日浇洒道路和绿地的面积，$m^2$。

4. 管网漏损水量：

$$Q_4 = (0.10 \sim 0.12)(Q_1 + Q_2 + Q_3) \qquad (2-5)$$

5. 未预见水量：

$$Q_5 = (0.08 \sim 0.12)(Q_1 + Q_2 + Q_3 + Q_4) \qquad (2-6)$$

6. 消防用水量：

$$Q_6 = \sum (q_s N_s) \qquad (2-7)$$

式中：$q_s$——一次灭火用水量，$L/s$；

$N_s$——同一时间内火灾次数，次。

7. 最高日设计用水量：

$$Q_d = Q_1 + Q_2 + Q_3 + Q_4 + Q_5 (m^3/d) \qquad (2-8)$$

注：计算时注意将单位统一为 $m^3/d$。

8. 最高日最高时设计用水量：

$$Q_h = K_h \frac{Q_d}{86\ 400} \quad (m^3/s) \qquad (2-9)$$

式中：$K_h$——时变化系数。

9. 最高日平均时设计用水量：

$$Q'_h = \frac{Q_d}{86\ 400} \quad (m^3/s) \qquad (2-10)$$

（二）单位面积法

单位面积法根据城市用水区域面积估算用水量。

（三）人均综合指标法

根据已有历史数据，城市总用水量与城市人口具有密切的关系，城市人口平均总用水量称为人均综合用水量。

（四） 年递增率法

城市发展进程中，供水量一般呈现逐年递增的趋势，在过去的若干年内，每年用水量可能保持相近的递增比率，可以用如下公式表达：

$$Q_a = Q_0 (1 + \delta)^t \qquad (2-11)$$

式中：$Q_0$——起始年份平均日用水量，$m^3/d$；

$Q_a$——起始年份后第 $t$ 年的平均日用水量，$m^3/d$；

$\delta$——用水量年平均增长率（%）；

$t$——年数。

式（2-11）实际上是一种指数曲线型的外推模型，可用来预测计算未来年份的规划预测总用水量。在具有规律性的发展过程中，用式（2-11）预测计算城市总用水量是可行的。

（五） 线性回归法

城市日平均用水量亦可用一元线性回归模型进行预测计算，公式可写为

$$Q_a = Q_0 + \Delta Qt \qquad (2-12)$$

式中 $\Delta Qt$——日平均用水量的年平均增量，根据历史数据回归计算求得，$m^3/(d \cdot a)$；

其余符号意义同前。

（六） 生长曲线法

城市发展规律可能呈现在初始阶段发展很快，总用水量呈快速递增趋势，而后城市发展趋势缓慢增长到稳定甚至适度减少的趋势，生长曲线可用下式表达：

$$Q = \frac{L}{1 + ae^{-bt}} \qquad (2-13)$$

式中：$a$，$b$——待定参数；

$Q$——预测用水量，$m^3/d$；

$L$——预测用水量的上限值，$m^3/d$。

随着水资源紧缺问题的加剧和国民水资源意识的提高，城市用水总量在不断地发生变化。根据实际情况，合理地确定城市供水总量，是一个值得注意和研究的课题。

城市供水总量受到多种因素的影响，诸如人口增长、生活条件、用水习惯、资源价值观念、科学用水和节约用水、水价及水资源丰富和紧缺程度等。用水量增长到一定程度后将会达到一个稳定水平，甚至出现负增长趋势，这些规律性已经在国内外的用水量统计数据中得到了验证。

我国的《城市给水工程规划规范》提供的用水量指标显得过高，人均综合用水量远大于国外人均综合用水量，应通过加强科学研究和提高资源利用效率，用节约用水的意识指导给水排水工程规划，可以达到水资源综合利用和可持续发展的目标。

# 第二节　给水管网系统水力计算

## 一、给水管网水力计算

新建和扩建的城镇管网按最高日最高时供水量计算，据此求出所有管段的直径、水头损失、水泵扬程和水塔高度（当设置水塔时），并在此管径基础上，按下列几种情况和要求进行校核：

第一，发生消防时的流量和水压的要求。

第二，最大传输时的流量和水压的要求。

第三，最不利管段发生故障时的事故用水量和水压要求。

通过校核计算可以知道按最高日最高时确定的管径和水泵扬程能否满足其他用水时的水量和水压要求，并对水泵的选择或某些管段、管径进行调整，或对管网设计进行大的修改。

如同管网定线一样，管网只计算经过简化的干管网。要将实际的管网适当加以简化，只保留主要的干管，略去一些次要的、水力条件影响小的管线。但简化后的管网基本上能反映实际用水情况，使计算工作量可以减轻。管网图形简化是在保证计算结果接近实际情况的前提下，对管线进行的简化。

无论是新建管网、旧管网扩建或是改建，给水管网的计算步骤都是相同的，具体包括：求沿线流量和节点流量；求管段计算流量；确定各管段的管径和水头损失；进行管网水力计算或技术经济计算；确定水塔高度和水泵扬程。

## (一) 管段流量

### 1. 沿线流量

在城镇给水管网中，干管和配水管上接出许多用户，沿管线配水。在水管沿线既有工厂、机关旅馆等大量用水单位，也有数量很多但用水量较少的居民用水，情况比较复杂。

如果按照实际情况来计算管网，非但难以实现，并且因用户用水量经常变化也没有必要。因此，计算时往往加以简化，即假定用水量均匀分布在全部干管上，由此得出干管线单位长度的流量叫比流量。

根据比流量，可计算出管段的配水流量，也称为沿线流量。

长度比流量按用水量全部均匀分布于干管上的假定求出，忽视了沿线供水人数和用水量的差别，存在一定的缺陷。为此，也可按该管段的供水面积来计算比流量，即假定用水量全部均匀分布在整个供水面积上，由此得出面积比流量。

对于干管分布比较均匀、干管间距大致相同的管网，不必采用按供水面积计算比流量的方法，改用长度比流量比较简便。

在此应该指出，给水管网在不同的工作时间内，比流量数值是不同的，在管网计算时须分别计算。城镇内人口密度或房屋卫生设备条件不同的地区，也应根据各区的用水量和管线长度，分别计算比流量，这样比较接近实际情况。

### 2. 节点流量

管网中任一管段的流量包括沿线配水的沿线流量 $q_1$ 和通过该管段输送到以后管段的转输流量 $q_1$。转输流量沿整个管段不变，沿线流量从管段起端开始循水流方向逐渐减小至零。对于流量变化的管段，难以确定管径和水头损失，所以有必要再次进行简化，将沿线流量转化为从节点流出的流量，使得管段中的流量不再变化，从而可确定管径。简化的原理是求出一个沿程不变的折算流量 $q$，使它产生的水头损失等于沿管线变化的流量产生的水头损失。

城市管网中，工业企业等大用户所需流量，可直接作为接入大用户节点的节点流量。工业企业内的生产用水管网，水量大的车间用水量也可直接作为节点流量。这样，管网图上只有集中在节点的流量，包括由沿线流量折算的节点流量和大用户的集中流量。

### （二）管段的计算流量

在确定了节点流量之后，就可以进行管段的计算流量确定。确定管段计算流量，实际上是一个流量分配的过程。在这个过程中，可以假定离开节点的管段流量为正，流向节点的流量为负，流量分配遵循节点流量平衡原则，即流入和流出之和应为零。这一原则同样适用于树状网和环状网的计算。

单水源树状网中，从水源到各节点，只能按一个方向供水，任一管段的计算流量等于该管段以后（顺水流方向）所有节点流量总和，每一管段只有唯一的流量。

对于环状网而言，若人为进行流量分配，每一管段得不到唯一的流量值。管段流量、管径及水头损失的确定需要经过管网水力计算来完成。但也需要进行初步的流量分配，其基本原则如下：

第一，按照管网的主要供水方向，拟定每一管段的水流方向，并选定整个管网的控制点。

第二，在平行干管中分配大致相同的流量。

第三，平行干管间的连接管，不必分配过大的流量。

对于多水源管网，应由每一水源的供水量定出其大致供水范围，初步确定各水源的供水分界线，然后从各水源开始，根据供水方向按照节点流量平衡原则，进行流量分配。分界线上各节点由几个水源同时供给。

### （三）管径、管速确定

管径应按分配后的流量确定。对于圆形管道，各管段的管径按下式计算：

$$D = \sqrt{\frac{4q}{\pi v}} \tag{2-14}$$

式中：$D$——管段直径，m；

$q$——管段流量，$\text{m}^3/\text{s}$；

$v$——流速，m/s。

由式（2-14）可知，管径不仅与计算流量有关，还与采用的流速有关。流速的选择成为一个重要的问题。为了防止管网因水锤现象出现事故，最大设计流速不应超过 2.5~3.0 m/s；在输送浑浊的原水时，为了避免水中悬浮杂质在管道内沉积，最小流速通常不得小于 0.6 m/s，可见技术上允许的流速变化范围较大。因此，须在上述流速范围内，再根据当地的经济条件，考虑管网的造价和经营管理费用，来确定经济合理的流速。

当流量一定时，如选用流速过小，虽然水头损失较小、输水电费节省，但管径大，管网造价高；如选用流速过大，虽然管径小、造价低，但水头损失大，输水费用大。因此，须兼顾管网造价和输水电费，按不同的流量范围，选用根据一定计算年限 $t$ 年（称为投资偿还期）内管网造价和经营管理费用（主要为电费）两者总和为最小的流速（称为经济流速）来确定管径。

各城市的经济流速值应按当地条件（如水管材料及价格、施工费用、电费等）来确定，不能直接套用其他城市的数据。另外，由于水管有标准管径且分档不多，按经济管径算出的不一定是标准管径，这时可选用相近的标准管径。再者，管网中各管段的经济流速也不一样，须随管网图形、该管段在管网中的位置、管段流量和管网总流量的比例等决定。因为计算复杂，有时简便地应用界限流量表确定经济管径。

每种标准管径不仅有相应的最经济流量，并且有其界限流量，在界限流量的范围内，只要选用这一管径都是经济的。确定界限流量的条件是相邻两个商品管径的年总费用值相等。各地区因管网造价、电费、用水规律的不同，所用水头损失公式的差异，所以各地区的界限流量不同。

由于实际管网的复杂性，加之流量、管材价格、电费等情况在不断变化，从理论上计算管网造价和年管理费用相当复杂且有一定难度。在条件不具备时，设计中也可采用平均经济流速来确定管径，得出的是近似经济管径。一般大管可取大经济流速，小管的经济流速较小。

以上是指水泵供水时的经济管径的确定方法，在求经济管径时，考虑了抽水所需的电费。重力供水时，由于水源水位高于给水区所需水压，两者的高差可使水在管内靠重力流动。此时，各管段的经济管径或经济流速应按输水管和管网通过设计流量时的水头损失之和等于或略小于可以利用的高差来确定。

（四）水头损失计算

确定管网中管段的水头损失也是设计管网的主要内容，在知道管段的设计流量和经济管径之后就可以进行水头损失的计算。管（渠）道总水头损失，一般可按式（2-15）计算：

$$h_z = h_y + h_j \qquad\qquad (2-15)$$

式中：$h_z$——管（渠）道总水头损失，m；

$h_y$——管（渠）道沿程水头损失，m；

$h_j$——管（渠）道局部水头损失，m。

**1. 管（渠）道局部水头损失**

管（渠）道的局部水头损失宜按式（2-16）计算：

$$h_j = \sum \xi \frac{v^2}{2g} \qquad\qquad (2-16)$$

式中：$\xi$——管（渠）道局部水头损失系数。

$g$——重力加速度，m/s。

管道局部水头损失和管线的水平及竖向平顺等情况有关。调查国内几项大型输水工程的管道局部水头损失数值，一般占沿程水头损失的 5%~10%。所以，一些工程在可研阶段，根据管线的铺设情况，管道局部水头损失可按沿程水头损失的 5%~10%计算。

配水管网水力平差计算，一般不考虑局部水头损失。因为配件和附件（如弯管、渐缩管和阀门等）的局部水头损失，与沿程水头损失相比很小，通常忽略不计，由此产生的误差极小。

对短管，如水泵站内的管道或取水结构的重力进水管等，须计算局部阻力损失。

**2. 管（渠）道沿程水头损失**

（1）塑料管及内衬与内涂塑料的钢管采用达西–魏斯巴赫公式计算沿程水头

损失，该公式是一个半理论半经验的水力计算公式，适用于层流和紊流，也适用于管流和明渠。

$$h_y = \lambda \frac{l}{d} \times \frac{v^2}{2g} \qquad (2-17)$$

式中：$\lambda$ ——沿程阻力系数，与管道的相对当量粗糙度（$\Delta/d_j$）和雷诺数（$Re$）有关，其中 $\Delta$ 为管道当量粗糙度，mm；

$l$ ——管段长度，m；

$d$ ——管道计算内径，m；

$v$ ——管道断面水流平均流速，m/s；

$g$ ——重力加速度，m/s$^2$。

塑料管材的管壁光滑，管内水流大多处在水力光滑区和紊流过渡区，所以沿程阻力系数 $\lambda$ 的计算，应选择相应的计算公式。

（2）混凝土管（渠）道及采用水泥砂浆内衬的金属管道采用舍齐公式计算沿程水头损失，该公式可用在紊流阻力平方区的明渠和管流。

$$i = \frac{h_y}{l} = \frac{v^2}{C^2 R} \qquad (2-18)$$

式中：$i$ ——管道单位长度的水头损失（水力坡降）；

$C$ ——流速系数，$C = \frac{1}{n} R^y$，$n$ 为管（渠）道的粗糙系数；

$R$ ——水力半径，m。

（3）输配水管道及配水管网水力平差计算可采用海曾-威廉公式，目前国内使用的管网平差软件和工程实际大多数采用该公式。

$$i = \frac{h_y}{l} = \frac{10.67 q^{1.852}}{C_h^{1.852} d^{4.87}} \qquad (2-19)$$

式中：$i$ ——管道单位长度的水头损失（水力坡降）；

$d$ ——管道计算内径，m；

$q$ ——设计流量，m$^3$/s；

$C_h$ ——海曾-威廉系数。

（4）上述几种沿程水头损失计算公式中都有一个重要的水力摩阻系数（$n$，$C_h$，$\Delta$）。摩阻系数与水流雷诺数 $Re$ 和管道的相对粗糙度有关，也就是管道的摩阻系数与管道的流速、管道的直径、内壁光滑程度及水的黏度有关。

### (五) 树状网的水力计算

流向任何节点的流量只有一个。可利用节点流量守恒原理确定管段流量，根据经济流速确定水头损失、管径等。

## 二、输水管设计

从水源至净水厂的原水输水管（渠）的设计流量，应按最高日平均时供水量确定，并计入输水管（渠）的漏损水量和净水厂自用水量。从净水厂至管网的清水输水管道的设计流量，应按最高日最高时用水条件下，由净水厂负担的供水量计算确定。上述输水管（渠）若还负担消防给水任务，应包括消防补充流量或消防流量。

输水干管不宜少于两条，当有安全储水池或其他安全供水措施时，也可修建一条。输水干管和连通管的管径及连通管根数，应按输水干管任何一段发生故障时仍能通过事故用水量计算确定，城镇的事故水量为设计水量的70%。

输水管（渠）计算的任务是确定管径和水头损失。确定大型输水管渠的尺寸时，应考虑到具体埋设条件、所用材料、附属构筑物数量和特点、输水管渠条数等，通过方案比较确定。

# 第三节 给水管网系统水力模型

## 一、给水管网的模型化

给水管网是一个规模大且复杂多变的网络系统，为便于规划、设计和运行管理，应将其简化并抽象为便于用图形和数据表达和分析的系统，称为给水管网模型。给水管网模型主要表达系统中各组成部分的拓扑关系和水力特性，将管网简化和抽象为管段和节点两类元素并赋予工程属性，以便用水力学图论和数学分析理论等进行表达和分析计算。

所谓简化，就是从实际系统中去掉一些比较次要的给水设施，使分析和计算集中于主要对象；所谓抽象，就是忽略所分析和处理对象的一些具体特征，而将它们视为模型中的元素，只考虑它们的拓扑关系和水力特性。

给水管网的简化包括管线的简化和附属设施的简化，根据简化的目的不同，简化的步骤、内容和结果也不完全相同。

## （一）给水管网的简化

### 1. 简化原则

给水管网可简化为管网模型，将工程实际转化为数学问题，并将计算结果应用到实际的系统中去。要保证最终应用具有科学性和准确性，简化必须满足下列原则：

（1）宏观等效原则

对给水管网某些局部简化以后，要保持其功能，各元素之间的关系不变。宏观等效的原则也是相对的，要根据应用的要求与目的不同来灵活掌握。例如，当你的目标是确定水塔高度或泵站扬程时，两条并联的输水管可以简化为一条管道，但当你的目标是设计输水管的直径时，就不能将其简化为一条管道了。

（2）小误差原则

简化必然带来模型与实际系统的误差，但只要将误差控制在一定范围，这是允许的。简化的允许误差也应灵活具体地掌握，一般要满足工程上的要求。

### 2. 管线简化的一般方法

管线的简化主要有以下措施：

一是删除次要管线（如管径较小的支管、配水管、出户管等），保留主干管线和干管线。次要管线、干管线和主干管线的确定也是相对的，当系统规模小或计算精度要求高时，可以将较小管径的管线定为干管线；当系统规模大或计算精度要求低时，可以将较大管径的管线定为次要管线。另外，当计算工具先进，如采用计算机进行计算时，可以将更多的管线定为干管线。干管线定得越多，则计算工作量越大，计算结果越精确；反之，干管越少，计算越简单，计算误差也越大。

二是当管线交叉点很近时，可以将其合并为同一交叉点。相近交叉点合并后可以减少管线的数目，使系统简化。特别对于给水管网，为了施工便利和减小水流阻力，管线交叉处往往用两个三通代替四通（实际工程中很少使用四通），不必将两个三通认为是两个交叉点，仍应简化为四通交叉点。

三是将全开的阀门去掉，将管线从全闭阀门处切断。所以，全开和全闭的阀门都不必在简化的系统中出现。只有调节阀、减压阀等需要保留。

四是如管线包含不同的管材和规格，应采用水力等效原则将其等效为单一管材和规格。

五是并联的管线可以简化为单管线，其直径采用水力等效原则计算。

六是在可能的情况下，将大系统拆分为多个小系统，分别进行分析计算。

### 3. 附属设施简化的一般方法

给水管网的附属设施包括泵站、调节构筑物（水池、水塔等）、消火栓、减压阀等，均可进行简化。具体措施如下：

一是删除不影响全局水力特性的设施，如全开的闸阀、排气阀、泄水阀、消火栓、检查井等。

二是将同一处的多个相同设施合并，如同一处的多个水量调节设施（清水池、水塔和调节池等）合并、并联或串联工作的水泵或泵站合并等。

## （二）给水管网的抽象

经过简化的给水管网需要进一步抽象，使之成为仅由管段和节点两类元素组成的管网模型。在管网模型中，管段与节点相互关联，即管段的两端为节点，节点之间通过管段连通。

### 1. 管段

管段是管线和泵站等简化后的抽象形式，它只能输送水量，而不允许改变水量，即管段中间不允许有流量输入或输出，但管段中可以改变水的能量，如具有水头损失，可以加压或降压等。管段中间的流量应运用水力等效的原则折算到管段的两端节点上，通常给水管网将管段沿线配水流量一分为二分别转移到管段两端节点上。给水管网的这种处理方法误差较小。

当管线中间有较大的集中流量时，无论是流出或是流入，应在集中流量点处划分管段，设置节点，因为大流量不能移位；否则，会造成较大的水力计算误差。同理，沿线出流或入流的管线较长时，应将其分成若干条管段，以避免将沿线流量折算成节点流量时出现较大误差。泵站、减压阀、非全开阀门等则应设于管段上，因为它们的属性与管段相同，即它们只通过流量而不改变流量，且具有水的能量损失。

### 2. 节点

节点是管线交叉点、端点或大流量出入点的抽象形式。节点只能传递能量，不能改变水的能量，即节点上水的能量（水头值）是唯一的，但节点可以有流量的输入或输出，如用水的输出、水量调节等。

泵站、减压阀及阀门等改变水流能量或具有阻力的设施不能置于节点上，因为它们不符合节点的属性，即使这些设施的实际位置可能就在节点上，或者靠近节点，也必须认为它们处于管段上。给水泵站，一般都是从水池吸水，则吸水井处为节点，泵站内的水泵和连接管道简化后置于管段上靠近吸水井节点端。

### 3. 管段和节点的属性

管段和节点的特征包括构造属性、拓扑属性和水力属性三个方面。构造属性是拓扑属性和水力属性的基础，拓扑属性是管段与节点之间的关联关系，水力属性是管段和节点在系统中的水力特征的表现。构造属性通过系统设计确定，拓扑属性采用数学图论表达，水力属性则运用水力学理论进行分析和计算。

（1）管段的构造属性

管段的构造属性有：①管段长度，简称管长，一般以 m 为单位；②管段直径，简称管径，一般以 m 或 mm 为单位，非圆管可以采用当量直径表示；③管段粗糙系数，表示管道内壁粗糙程度，与管道材料有关。

（2）管段的拓扑属性

管段的拓扑属性有：①管段方向，是一个设定的固定方向（不是流向，也不是泵站的加压方向，但当泵站加压方向确定时一般取其方向）；②起端节点，简称起点；③终端节点，简称终点。

（3）管段的水力属性

管段的水力属性有：①管段流量，是一个带符号值，正值表示流向与管段方向相同，负值表示流向与管段方向相反，单位常用 $m^3/s$ 或 $L/s$；②管段流速，即水流通过管段的速度，是一个带符号值，其方向与管段流量相同，单位常用 $m/s$；③管段扬程，即管段上泵站传递给水流的能量，是一个带符号值，正值表示泵站加压方向与管段方向相同，负值表示泵站加压方向与管段方向相反，单位常用 m；④管段摩阻，表示管段对水流阻力的大小；⑤管段压降，表示水流从管段起点输送到终点后，其机械能的减小量，因为忽略了流速水头，所以称为压降，意为压力水头的降低量，单位常用 m。

（4）节点的构造属性

节点的构造属性有：①节点高程，即节点所在地点附近的平均地面标高，单位为 m；②节点位置，可用平面坐标 $(x, y)$ 表示。

（5）节点的拓扑属性

节点的拓扑属性有：①与节点关联的管段及其方向；②节点的度，即与节点关联的管段数。

（6）节点的水力属性

节点的水力属性有：①节点流量，即从节点流入或流出系统的流量，是一个带符号值，正值表示流出节点，负值表示流入节点，单位常用 $m^3/s$ 或 $L/s$；②节点水头，表示流过节点的单位重量的水流所具有的机械能，一般采用与节点高程相同的高程体系，单位为 m，对于非满流，节点水头即管渠内水面高程；③自由水头，仅对有压流，指节点水头高出地面高程的高度，单位为 m。

（三）管网模型的标识

将给水管网简化和抽象为管网模型后，应该对其进行适当的标识，以便以后的分析和计算。标识的内容包括节点与管段的命名或编号、管段方向设定与节点流向设定等。

### 1. 节点和管段编号

节点和管段编号，就是要给节点和管段命名，命名的目的是便于引用，所以可以用任意符号命名。为了便于计算机程序处理，通常采用正整数进行编号（如

1，2，3，…）。同时编号时应尽量连续使用，便于用程序顺序操作。采用连续编号的另一个好处是，最大的管段编号就是管网模型中的管段总数，最大的节点编号就是管网模型中的节点总数。

### 2. 管段方向的设定

管段的一些属性是有方向性的，如流量、流速、压降等，它们的方向都是根据管段的设定方向而定的，只有当给出管段设定方向后，才能将管段两端节点分别定义为起点和终点，即管段设定方向总是从起点指向终点。

需要特别说明的是，管段设定方向不一定等于管段中水的流向，因为有些管段中的水流方向是可能发生变化的，而且有时在计算前还无法确定流向，必须先假定一个方向，如实际流向与设定方向不一致，则采用数学手段处理，即用负值表示。也就是说，当管段流量、流速、压降等为负值时，表明它们的方向与管段设定方向相反。从理论上讲，管段方向的设定可以任意，但为了不出现太多的负值，一般应尽量使管段的设定方向与流向一致。

### 3. 节点流向设定

节点流量的方向，总是假定以流出节点为正，所以管网模型中以一个离开节点的箭头标示。如果节点流量实际上为流入节点，则认为节点流量为负值。如给水管网的水源供水节点。

需要指出，有些国家习惯以流入节点流量为正，所以节点流量符号与我国的规定正好相反。参阅国外文献和使用国外管网计算软件时请注意。

## 二、管网模型的水力特性

虽然给水管网中的实际水流状态是复杂和多变的，但是为了便于分析计算，通常假设它们处于恒定均匀流状态，由此可能造成一些误差，但长期的实践表明，这一假设所带来的误差一般在工程允许的范围内。因此，在以后的论述中，除有特别说明外，都是建立在这一假设基础之上的。

质量守恒定律、能量守恒定律和动量守恒定律可以用于描述各类物质及其运动规律，也是给水管网中水流运动的基本规律。质量守恒定律主要体现在节点处流量的分配作用；能量守恒定律在水力学中具体化为伯努利方程，主要体现在管段的动能与压能消耗和传递作用；动量守恒定律则可以用来解决水流与边界（管道）的力学作用问题。下面仅考虑前两类作用。

（一）节点流量方程

在管网模型中，所有节点都与若干管段相关联，其关系可以用上节提出的关联集描述。对于管网模型中的任意节点 $j$，将其作为隔离体取出，根据质量守恒定律，流入节点的所有流量之和应等于流出节点的所有流量之和，可以一般地表示为

$$\sum_{i \in S_j} (\pm q_i) Q_j = 0 \quad (j = 1, 2, 3, \cdots, N) \quad\quad (2-20)$$

式中：$q_i$——管段 $i$ 的流量；

$Q_j$——节点 $j$ 的流量；

$S_j$——节点 $j$ 的关联集；

$N$——管网模型中的节点总数；

$\sum\limits_{i \in S_j} \pm$——表示对节点 $j$ 关联集中管段进行有向求和，当管段方向指向该节点时取负号，否则取正号，即管段流量流出节点时取正值，流入节点时取负值。

该方程称为节点的流量连续性方程，简称节点流量方程。管网模型中所有 $n$ 个节点方程联立，组成节点流量方程组。

在列节点流量方程时要注意以下几点：管段流量求和时要注意方向，应按管段的设定方向考虑（指向节点取正号，反之取负号），而不是按实际流向考虑，因为管段流向与设定方向不同时，流量本身为负值；节点流量假定流出节点流量为正值，流入节点的流量为负值；管段流量和节点流量应具有同样的单位，一般采用 L/s 或 m³/s 作为流量单位。

（二）管段能量方程

在管网模型中，所有管段都与两个节点关联，若将管网模型中的任意管段 $i$ 作为隔离体取出，根据能量守恒定律，该管段两端节点水头之差，应等于该管段的压降，可以一般性地表示为

$$H_{F_i} - H_{T_i} = h_i (i = 1, 2, 3, \cdots, m) \quad\quad (2-21)$$

式中：$F_i$，$H_{Fi}$——管段 $i$ 的上端点编号和上端点水头；

$T_i$，$H_{Ti}$——管段 $i$ 的下端点编号和下端点水头；

$h_i$——管段 $i$ 的压降；

$m$——管网模型中的管段总数。

该方程称为管段的能量守恒方程，简称管段能量方程。管网模型中所有 $m$ 条管段的能量方程联立，组成管段能量方程组。

在列管段能量方程时要注意以下几点：应按管段的设定方向判断上端点和下端点，而不是按实际流向判断，因为管段流向与设定方向相反时，管段压降本身为负值；管段压降和节点水头应具有同样的单位，一般采用 m。

## （二）恒定流基本方程组

给水管网模型的节点流量方程组与管段能量方程组联立，组成描述管网模型水力特性的恒定流基本方程组，即

$$\begin{cases} \sum_{i \in S_j} (\pm q_i) Q_j = 0 & (j = 1,~2,~3,~\cdots,~N) \\ H_{F_i} - H_{T_i} = h_i (i = 1,~2,~3,~\cdots,~m) \end{cases} \quad (2-22)$$

恒定流基本方程组是在管网模型的拓扑特性基础上建立起来的，它反映了管网模型组成元素——节点与管段之间的水力关系，是分析求解给水管网规划设计及运行调度等各种问题的基础，很多应用问题都归结于求解该方程组。

## 三、给水管网模型软件

在实际应用中，由于管网模型的计算量巨大，通常借且计算机软件来计算和分析。利用管网模型软件，可以方便地对管网拓扑结构进行简化，通过输入管道长度、管道口径、管道摩阻系数及节点标高、节点流量等参数，可以计算出节点压力、管道流量等参数。管网模型软件技术极大地推动了管网模型的应用，目前国内许多自来水公司已经开展管网建模工作，在管网规划、供水调度等方面发挥了重要作用。

## 四、给水管网水力模型的建立与应用

### （一）水力建模的准备阶段

数据是建立水力模型的基础。建立水力模型所需要的数据可以分为静态数据与动态数据两大类。静态数据指的是模型中各组成部分所固有的属性，如管道的管径、水泵的特性曲线、用户的基本用水量等。动态数据是指随时间的改变而改变的数据，如用户的用水量变化、水泵的启停状态等。

静态数据是水力模型建立的基础，动态数据是水力模型校核的基础，两者缺一不可。

**1. 水力建模所需要的主要静态数据**

（1）水厂泵站信息，包括清水池池底标高、水泵标高、水泵特性曲线、蓄水池容积蓄水池池底标高、内部管道拓扑关系、内部测压测流和水质点位置及标高、内部阀门的开关信息等。

（2）给水管网信息，包括管网的拓扑结构、管网各节点标高、管网中阀门的开关状态、管网中用户的位置信息等。

（3）用户用水量数据。

（4）测压点信息，包括测压点所在的位置、标高等。

（5）测流点信息，包括测流点所在的管道，以及管道方向与测流方向等信息。

**2. 水力建模所需要的主要动态数据**

（1）水厂泵站的运行模式，包括水厂泵站内水泵的运行数据、水池的液位数据、流量压力数据等。

（2）用户的用水模式，包括工业用户的用水模式、普通用户的用水模式或不同区域的用水模式。

（3）测压测流水质点的实时数据。

**3. 静态数据的主要获取途径**

（1）完备的 GIS 信息。GIS 内管道的位置、连接关系、管径、材质等提供了模型所需要的管道信息；GIS 用户的分布信息为模型的水量分配提供了信息。

（2）营业收费信息。营业收费系统可以提供用户的用水量信息，通过对用户各个时期的用水量的统计得到其平均用水量也即基础用水量。

（3）现场调查。对水厂、泵站测压测流水质点的现场调查和定位，可以获得模型所需要的位置信息、标高信息、连接关系等。

（4）现场测试。某些模型所需的参数需要通过现场测量的方法来获得，如水泵的特性曲线等。

#### 4. 动态数据的主要获取途径

（1）SCADA 数据

完备的 SCADA 数据包含了水厂泵站的运行数据、各测压测流数值点的实时数据以及水厂内部的液位、压力、流量、水质数据。将 SCADA 数据标准化成模型可辨识的动态数据，即可对模型进行动态校核。

（2）现场测试

对于某些未装有自动仪表的管道或用户，可以在现场对其进行长时间连续测定，以获得相关数据，如连续的压力测试、用水量测试等。

### （二）水力模型的建立阶段

当有了完备且详细的静、动态数据后就可以建立水力模型。水力模型的建立过程就是将所获得的静态数据输入水力模型平台软件上的过程。

#### 1. 管网数据输入

（1）数据导入。将管网图形文件导入模型软件并转换成有连接关系的模型文件。

（2）数据检查。主要是拓扑关系的检查，因为模型软件图形文件对管道连接有连通性等要求。

#### 2. 水厂泵站数据输入

（1）现场信息数据化。将现场所获得的信息进行输入和设置，如水泵的设置等。

（2）选择合理的模型形式。指水厂泵站等元素在模型中的简化，便于模型数据的输入和计算。

### 3. 用水量分配

（1）大用户水量分配。大用户的用水量占用水总量的比例较高，所以准确地对大用户的水量进行分配在很大程度上决定了水量分配的合理性。

（2）区域水量分配。对于实行了管网分区计量的管网，可以按不同区域分别进行水量分配，进一步优化水量分配的合理性。

（3）其他水量分配。其他水量包括漏损水量等，对于有分区计量的管网，可以按比例分配在不同的区域。

### 4. 用水模式

工业用户、普通用户的用水模式会有较大不同，主要体现在普通用户的用水遵循生活规律，而工业用户的用水模式遵循生产规律。工业用户往往是大用户，所以掌握工业用户的用水模式，对模型中水量在时间上的分配很有帮助。

不同用水模式的确定可以通过安装实时远传水表等手段，对其用水数据进行连续采集，以统计出该类型用户普遍的用水规律。

## （三）水力模型的校核

水力模型的校核是水力建模的重要步骤，只有校核后符合实际情况的水力模型才能为生产服务。

### 1. 模型校核

校核从对象上可以分为压力校核和流量校核。

校核的目的是使模型模拟值与实际值的偏差在允许范围之内。

### 2. 模型校核不准的常见原因

（1）静态数据不准确。静态数据是模型的基础，若静态数据缺乏或不准确会直接导致模拟结果与实际值出现较大偏差。

（2）用水量分配失真。如果用水量分配出现比较大的失真也会导致压力校核不准，更会导致流量校核不准。

### 3. 模型的调整

通过不断地复核静态数据、检查动态数据、实地补充测量等方式，实现对模型的调整。

(四) 水力模型的应用

第一，管网规划水力模型可以根据设计水量进行模拟计算，为未来的管道铺设及水厂泵站布置等工作提供设计依据，使规划更科学更合理。

第二，优化调度水力模型可以在不改变实际管网状况和调度方式的同时，对关阀、停泵等各种工况进行模拟，提供各工况下合理的调度方案。

第三，辅助决策。水力模型可以对各种预设方案进行模拟计算，为管理者提供决策依据，如分析大型水厂的投产、关闭、新水源的切换等所带来的管网运营风险。

第四，其他应用。水力模型在节能降耗、区域计量、水龄分析等方面也能给出合理化建议。

# 第三章
# 城市排水管道系统的设计计算

## 第一节　排水系统的整体规划设计

### 一、排水工程规划设计原则

第一，排水工程的规划应符合区域规划及城市和工业企业的总体规划。城市和工业企业的道路规划、地下设施规划、竖向规划、人防工程规划等单项工程规划对排水工程的规划设计都有影响，要从全局观点出发，合理解决，构成有机的整体。

第二，排水工程的规划与设计，要与邻近区域内的污水和污泥的处理和处置相协调。一个区域的污水系统，可能影响邻近区域，特别是影响下游区域的环境质量，故在确定规划区的处理水平和处置方案时，必须在较大区域范围内综合考虑。根据排水规划，有几个区域同时或几乎同时修建时，应考虑合并起来处理和处置的可能性。

第三，排水工程规划与设计，应处理好污染源治理与集中处理的关系。城市污水应以点源治理与集中处理相结合，以城市集中处理为主的原则加以实施。

第四，城市污水是可贵的淡水资源，在规划中要考虑污水经再生后回用的方案。城市污水回用于工业用水是解决缺水城市资源短缺和水环境污染的可行之路。

第五，如设计排水区域内尚须考虑给水和防洪问题，污水排水工程应与给水工程协调，雨水排水工程应与防洪工程协调，以节省总投资。

第六，排水工程的设计应全面规划，按近期设计，考虑远期发展有扩建的可能。并应根据使用要求和技术经济的合理性等因素，对近期工程做出分期建设的安排。排水工程的建设费用很大，分期建设可以更好地节省初期投资，并能更快地发挥工程建设的作用。分期建设应首先建设最急需的工程设施，使它尽早地服务于最迫切需要的地区和建筑物。

第七，对城市和工业企业原有的排水工程进行改建和扩建时，应从实际出发，在满足环境保护的要求下，充分利用和发挥其效能，有计划、有步骤地加以改造，使其逐步达到完善和合理化。

第八，在规划与设计排水工程时，必须认真贯彻执行国家和地方有关部门制定的现行有关标准、规范或规定。

## 二、设计资料的调查

排水工程设计应先了解、研究设计任务书或批准文件的内容，弄清本工程的范围和要求，然后赴现场勘察，分析、核实、收集、补充有关的基础资料。进行排水工程设计时，通常需要有以下三方面的基础资料：

（一）明确任务的资料

与本工程有关的城镇（地区）的总体规划；道路、交通、给水、排水、电力、电信、防洪、环保、燃气、园林绿化等各项专业工程的规划；需要明确本工程的设计范围、设计期限、设计人口数；拟用的排水体制；污水处置方式；受纳水体的位置及防治污染的要求；各类污水量定额及其主要水质指标；现有雨水、污水管道系统的走向，排出口位置和高程及其存在的问题；与给水、电力、电信燃气等工程管线及其他市政设施可能的交叉；工程投资情况；等等。

（二）自然因素方面的资料

自然因素方面的资料主要包括地形图、气象资料、水文资料以及地质资料等内容。

（三）工程情况的资料

道路的现状和规划，如道路等级、路面宽度及材料；地面建筑物和地铁、其他地下建筑的位置和高程；给水、排水、电力、电信电缆、燃气等各种地下管线的位置；本地区建筑材料、管道制品、电力供应的情况和价格；建筑、安装单位的等级和装备情况；等等。

## 三、设计方案的确定

在掌握了较为完整可靠的设计基础资料后，设计人员可根据工程的要求和特点，对工程中一些原则性的、涉及面较广的问题提出不同的解决办法。这些问题包括：排水体制的选择问题；接纳工业废水并进行集中处理和处置的可能性问题；污水分散处理或集中处理问题；近期建设和远期发展如何结合问题；设计期限的划分与相互衔接问题；与给水、防洪等工程协调问题；污水出水口位置与形式选择问题；污水处理程度和污水、污泥处理工艺的选择问题；污水管道的布局、走向、长度、断面尺寸、埋设深度、管道材料，与障碍物相交时采取的工程措施的问题；中途泵站的数目与位置等。

为使确定的设计方案体现国家现行方针政策，既技术先进，又切合实际，安全适用，具有良好的环境效益、经济效益和社会效益，必须对提出的设计方案进行技术经济比较，择优选择。技术经济比较内容包括：排水系统的布局是否合理，是否体现了环境保护等各项方针政策的要求；工程量、工程材料、施工运输条件、新技术采用情况；占地、搬迁、基建投资和运行管理费用多少；操作管理是否方便；等等。

## 四、城市排水系统总平面布置

### （一）影响排水系统布置的主要因素

城市、居住区或工业企业的排水系统在平面上的布置应依据地形、竖向规划、污水厂的位置、土壤条件、河流情况，以及污水的种类和污染程度等因素而定。在工厂中，车间的位置、厂内交通运输线及地下设施等因素都将影响工业企业排水系统的布置。上述这些因素中，地形常常是影响系统平面布置的主要因素。

## （二）排水系统的主要布置形式

### 1. 正交布置

在地势向水体适当倾斜的地区，各排水流域的干管可以最短距离沿与水体垂直相交的方向布置，这种布置也称正交布置。

正交布置的优点是干管长度短、管径小，因而经济，污水排出也迅速；缺点是由于污水未经处理就直接排放，会使水体遭受严重污染，影响环境。在现代城市中，这种布置形式仅用于排除雨水。

### 2. 截流式布置

若沿河岸再铺设土干管，并将各干管的污水截送至污水厂，这种布置形式称为截流式布置，截流式是正交式发展的结果。对减轻水体污染、改善和保护环境有重大作用。

截流式布置的优点是若用于分流制污水排水系统，除具有正交式的优点外，还解决了污染问题；缺点是若用于截流式合流制排水系统，因雨天有部分混合污水排入水体，造成水体污染。它适用于分流制排水系统和截流式合流制排水系统。

### 3. 平行式布置

在地势向河流方向有较大倾斜的地区，为了避免因干管坡度及管内流速过大，使管道受到严重冲刷，可使干管与等高线及河道基本上平行、主干管与等高线及河道成一定斜角铺设，这种布置称为平行式布置。

平行式布置的优点是减少管道冲刷，便于维护管理；缺点是干管长度增加。它适用于分流制及合流制排水系统，地面坡度较大的情况。

### 4. 分区布置

在地势高低相差很大的地区，当污水不能靠重力流至污水厂时，可分别在高地区和低地区铺设独立的管道系统。高地区的污水靠重力直接流入污水厂，而低地区的污水用水泵抽送至高地区干管或污水厂。这叫作分区布置形式。

分区布置的优点是能充分利用地形排水，节省电力，但这种布置只能用于个别阶梯地形或起伏很大的地区。

**5. 辐射状分散布置**

当城市周围有河流，或城市中央部分地势高、地势向周围倾斜的地区，各排水流域的干管常采用辐射状分散布置，各排水流域具有独立的排水系统。

这种布置的优点是具有干管长度短、管径小、管道埋深浅、便于污水灌溉。缺点是污水厂和泵站（如需要设置时）的数量将增多。在地势平坦的大城市，采用辐射状分散布置可能是比较有利的。

**6. 环绕式布置**

近年来，由于建造污水厂用地不足，以及建造大型污水厂的基建投资和运行管理费用也较建小型厂更经济等因素，故不希望建造数量多、规模小的污水厂，而倾向于建造规模大的污水厂，所以由分散式发展成环绕式布置。这种形式是沿四周布置主干管，将各干管的污水截流送往污水厂。

# 第二节　污水管道系统的设计计算

## 一、污水量计算

污水管道系统的设计流量是污水管道及其附属构筑物能保证通过的最大流量。通常以最大日最大时流量作为污水管道系统的设计流量，其单位为 L/s。它主要包括生活污水设计流量和工业废水设计流量两大部分。就生活污水而言又可分为居民生活污水、公共设施排水和工业企业内生活污水和淋浴污水三部分。

### （一）生活污水设计流量

城市生活污水量包括居住区生活污水量和工业企业生活污水量两部分。

**1. 居住区生活污水的设计流量计算**

居住区生活污水设计流量按下式计算：

$$Q_1 = \frac{nNK_z}{24 \times 3\,600} \tag{3-1}$$

式中：$Q_1$——居住区生活污水设计流量，L/s；

$n$——居住区生活污水定额，L/（人·d）；

$N$——设计人口数；

$K_z$——生活污水量总变化系数。

（1）生活污水定额

生活污水定额可分为居民生活污水定额和综合生活污水定额。居民生活污水定额是指居民每人每天日常生活中洗涤、冲厕、洗澡等产生的污水量［L/（人·d）］，它与用水量标准、室内卫生设备情况、气候、居住条件、生活水平及其他地方条件等许多因素有关；综合生活污水定额是指居民生活污水和公共设施（包括娱乐场所、宾馆、浴室、商业网点、学校和机关办公室等）排出污水两部分的总和［L/（人·d）］，具体按设计区域的特点选用。

城市污水主要来源于城市用水，因此污水定额与城市用水量定额之间有一定的比例关系，该比例称为排放系数。由于水在使用过程中的蒸发、形成工业产品等因素，部分生活污水或工业废水不再被收集到排水管道，在一般情况下，生活污水和工业废水的污水量小于用水量。但有的情况下也可能使污水量超过给水量，如当地下水位较高，地下水有可能经污水管道接头处渗入，雨水经污水检查井流入。所以，在确定污水量标准时，应对具体情况进行分析。居民生活污水定额可以根据当地的用水定额，结合建筑内部给水排水设施水平和排放系统普及程度等因素确定。在按用水定额确定污水定额时，对给水排水系统完善的地区，排放系数可按90%计，一般地区可按80%计，具体可结合当地的实际情况选用。

（2）设计人口

设计人口是指污水排水系统设计期限终期的规划人口数，是计算污水设计流量的基本数据。该值是由城镇（地区）的总体规划确定的。在计算污水管道服务的设计人口时，常用人口密度与服务面积相乘得到。

人口密度表示人口分布的情况，是指居住在单位面积上的人口数，以人/hm² 表示。若人口密度所用的地区面积包括街道、公园、运动场、水体等在内，该人口密度称作总人口密度；若所用的面积只是街区内的建筑面积，该人口密度称作街区人口密度。在规划或初步设计时，计算污水量是根据总人口密度计算，而在技术设计或施工图设计时，一般采用街区人口密度计算。

（3）生活污水量总变化系数

居住区生活污水定额是平均值，因此根据设计人口和生活污水定额计算所得的是污水平均流量。而实际上流入污水管道的污水量时刻都在变化。污水量的变化程度通常用变化系数表示。变化系数分日、时及总变化系数。

日变化系数（$K_d$）：一年中最大日污水量与平均日污水量的比值。

时变化系数（$K_h$）：最大日最大时污水量与该日平均时污水量的比值。

总变化系数（$K_z$）：最大日最大时污水量与平均日平均时污水量的比值。

显然

$$K_z = K_d K_h \qquad (3-2)$$

通常，污水管道的设计断面是根据最大日最大时污水流量确定的，因此需要求出总变化系数。然而一般城市缺乏日变化系数和时变化系数的数据，要直接采用式（3-2）求总变化系数有困难。实际上，污水流量的变化情况随着人口数和污水量定额的变化而定。若污水定额一定，流量变化幅度随人口数增加而减小；若人口数一定，流量变化幅度随污水量定额增加而减小。因此，在采用同一污水量标准的地区，上游管道由于服务人口少，管道中出现的最大流量与平均流量的比值较大。而在下游管道中，服务人口多，来自各排水地区的污水由于流行时间不同，高峰流量得到削减，最大流量与平均流量的比值较小，流量变化幅度小于上游管道。也就是说，总变化系数与平均流量之间有一定的关系，平均流量愈大，总变化系数愈小。

### 2. 工业企业生活污水及淋浴污水的设计流量计算

工业企业的生活污水及淋浴污水主要来自生产区的食堂、卫生间、浴室等。其设计流量的大小与工业企业的性质、污染程度、卫生要求有关。一般按下式进行计算：

$$Q_2 = \frac{A_1 B_1 K_1 + A_2 B_2 K_2}{3\,600T} + \frac{C_1 D_1 + C_2 D_2}{3\,600} \qquad (3-3)$$

式中：$Q_2$——工业企业生活污水及淋浴污水设计流量，L/s；

$A_1$——一般车间最大班职工人数，人；

$A_2$——热车间最大班职工人数，人；

$B_1$——一般车间职工生活污水定额，以 25 L/（人·班）计；

$B_2$——热车间职工生活污水定额，以 35 L/（人·班）计；

$K_1$——一般车间生活污水量时变化系数，以 3.0 计；

$K_2$——热车间生活污水量时变化系数，以 2.5 计；

$C_1$——一般车间最大班使用淋浴的职工人数，人；

$C_2$——热车间最大班使用淋浴的职工人数，人；

$D_1$——一般车间的淋浴污水定额，以 40 L/（人·班）计；

$D_2$——高温、污染严重车间的淋浴污水定额，以 60 L/（人·班）计；

$T$——每班工作时数，h。

淋浴时间以 60 min 计。

## （二）工业废水设计流量

工业废水设计流量按下式计算：

$$Q_3 = \frac{mmK_z}{3\ 600T} \qquad (3-4)$$

式中：$Q_3$——工业废水设计流量，L/s；

$m$——生产过程中每单位产品的废水量，L/单位产品；

$m$——产品的平均日产量；

$K_z$——总变化系数；

$T$——每日生产时数，h。

生产单位产品或加工单位数量原料所排出的平均废水量，也称作生产过程中单位产品的废水量定额。工业企业的工业废水量因各行业类型、采用的原材料、生产工艺特点和管理水平不同等有很大差异。

在不同的工业企业中，工业废水的排出情况很不一致。某些工厂的工业废水是均匀排出的，但很多工厂废水排出情况变化很大，甚至一些个别车间的废水也可能在短时间内一次排放。因而工业废水量的变化取决于工厂的性质和生产工艺过程。

## （三）地下水渗入量

在地下水位较高地区，因当地土质、管道、接口材料及施工质量等因素的影响，一般均存在地下水渗入现象，设计污水管道系统时宜适当考虑地下水渗入量。地下水渗入量 $Q_4$ 一般以单位管道长（m）或单位服务面积（$hm^2$）计算。为简化计算，也可按每人每日最大污水量的 10%~20% 计地下水渗入量。

## （四）城镇污水设计总流量计算

城市污水管道系统的设计总流量一般采用直接求和的方法进行计算，即直接将上述各项污水设计流量计算结果相加，作为污水管道设计的依据，城市污水管道系统的设计总流量可用下式计算：

$$Q = Q_1 + Q_2 + Q_3 + Q_4(\text{L/s}) \qquad (3-5)$$

上述求污水总设计流量的方法，是假定排出的各种污水，都在同一时间内出现最大流量。但在设计污水泵站和污水厂时，如果也采用各项污水最大时流量之和作为设计依据，将很不经济。因为各种污水量最大时流量同时发生的可能性较小，各种污水流量汇合时，可能互相调节，而使流量高峰降低。因此，为了正确合理地决定污水泵站和污水厂各处理构筑物的最大污水设计流量，就必须考虑各种污水流量的逐时变化。即知道一天中各种污水每小时的流量，然后将相同小时的各种流量相加，求出一日中流量的逐时变化，取最大时流量作为总设计流量。按这种综合流量计算法求得的最大污水量，作为污水泵站和污水厂处理构筑物的设计流量，是比较经济合理的。但这需要污水量逐时变化资料，往往实际设计时无此条件而不便采用。

## （五）服务面积法计算设计管道的设计流量

排水管道系统的设计管段是指两个检查井之间的坡度、流量和管径预计不改变的连续管段。

服务面积法具有不需要考查计算对象（某一特定设计管段）的本段流量、转输流量，过程简单，不容易出错的优点。其计算步骤如下：按照专业要求和经验划分排水流域，进行排水管道定线和布置，划分设计管段并进行编号，计算每一设计管段的服务面积。每一设计管段的服务面积就是该管段受纳排水的区域面积；分别计算设计管段服务面积内的生活污水设计流量和其他排水的流量，求和即得该设计管段的设计流量。

## 二、污水管道水力计算与设计

### （一）污水管道中污水流动的特点

污水由支管流入干管，由干管流入主干管，再由主干管流入污水处理厂，管道由小到大，分布类似河流，呈树枝状，与给水管网的环流贯通情况完全不同。污水在管道中一般是靠管道两端的水面高差，即靠重力流动，管道内部不承受压力。流入污水管道的污水中含有一定数量的有机物和无机物，比重小的漂浮在水面并随污水漂流；较重的分布在水流断面上并呈悬浮状态流动；最重的沿着管底移动或淤积在管壁上。这种情况与清水的流动略有不同。但总的说来，污水含水率一般在99%以上，可按照一般水体流动的规律，并假定管道内水流是均匀流。但在污水管道中实测流速的结果表明管内的流速是有变化的。这主要是因为管道中水流流经转弯、交叉、变径、跌水等地点时水流状态发生改变，流速也就不断变化，同时流量也在变化。因此，污水管道内水流不是均匀流。但在直线管段上，当流量没有很大变化又无沉淀物时，管内污水的流动状态可接近均匀流。如果在设计与施工中，注意改善管道的水力条件，则可使管内水流尽可能接近均匀流。所以，在污水管道设计中采用均匀流相关水力学计算方法是合理的。

### （二）水力计算的基本公式

污水管道水力计算的目的，在于经济合理地选择管道断面尺寸、坡度和埋深。由于这种计算是根据水力学规律，所以称作管道的水力计算。根据前文所述，如果在设计与施工中注意改善管道的水力条件，可使管内污水的流动状态尽可能地接近均匀流。

明渠均匀流水力计算的基本公式是谢才公式，即

$$v = C\sqrt{RI} \tag{3-6}$$

由于明渠均匀流水力坡度 $I$ 与管渠底坡 $i$ 相等，$I = i$，故谢才公式可写为

$$v = C\sqrt{Ri} \tag{3-7}$$

若明渠过流断面面积为 $A$，则流量为

$$Q = CA\sqrt{Ri} = K\sqrt{i} \tag{3-8}$$

式中：$v$ ——过流断面平均流速，m/s；

$C$ ——谢才系数，综合反映断面形状、尺寸和渠壁粗糙情况对流速的影响，一般由经验公式求得，$m^{1/2}/s$；

$R$ ——水力半径，m；

$I$ ——水力坡度；

$i$ ——管渠底坡度；

$Q$ ——过流断面流量，$m^3/s$；

$K$ ——流量模数，$m^3/s$。

流量模数综合反映渠道断面形状、尺寸和壁面粗糙程度对明渠输水能力的影响，当渠壁粗糙系数 $n$ 一定时，$K$ 仅与明渠的断面形状、尺寸及水深有关。

由于土木工程中明渠水流多处于紊流粗糙区，因此，谢才系数 $C$ 可采用曼宁公式计算，即

$$C = \frac{1}{n}R^{\frac{1}{6}} \tag{3-9}$$

式中：$n$ ——粗糙系数，反映渠道壁面粗糙程度的综合系数。

对于人工渠道，可根据人们的长期工程经验和实验资料确定其粗糙系数 n 值。该值根据管渠材料而定。混凝土和钢筋混凝土污水管道的管壁粗糙系数一般采用 0.014。

将式（3-9）代入式（3-7）及式（3-8）得

$$v = \frac{1}{n}R^{\frac{2}{3}}I^{\frac{1}{2}} \tag{3-10}$$

$$Q = \frac{1}{n}AR^{\frac{2}{3}}I^{\frac{1}{2}} \tag{3-11}$$

(三) 污水管道水力计算的设计数据

基本变量有直径 $D$、水深 $h$、充满度 $\alpha$ 或充满角 $\theta$。其中，充满度定义为

$$\alpha = \frac{h}{D} \tag{3-12}$$

充满度与充满角的关系为

$$\alpha = \sin^2 \frac{\theta}{4} \tag{3-13}$$

### 1. 设计充满度

当无压圆管均匀流的充满度接近 1 时，均匀流不易稳定，一旦受外界波动干扰，则易形成有压流和无压流的交替流动，且不易恢复至稳定的无压均匀流的流态。工程上进行无压圆管断面设计时，其设计充满度并不能取到输水性能最优充满度或是过流速度最优充满度，而应根据有关规范的规定，不允许超过最大设计充满度。

这样规定的原因如下：①有必要预留一部分管道断面，为未预见水量的介入留出空间，避免污水溢出妨碍环境卫生。因为污水流量时刻在变化，很难精确计算，而且雨水可能通过检查井盖上的孔口流入，地下水也可能通过管道接口渗入污水管道。②污水管道内沉积的污泥可能厌氧降解释放出一些有害气体。此外，污水中如含有汽油、苯、石油等易燃液体时，可能产生爆炸性气体，故须留出适当的空间，以利管道的通风，及时排除有害气体及易爆气体。③便于管道的疏通和维护管理。

### 2. 设计流速

与设计流量、设计充满度相对应的水流平均速度称为设计流速。污水在管内流动缓慢时，污水中所含杂质可能下沉，产生淤积；当污水流速增大时，可能产生冲刷现象，甚至损坏管道。为了防止管道中产生淤积或冲刷，设计流速不宜过小或过大，应在最小设计流速和最大设计流速范围内。

最小设计流速是保证管道内不致发生沉淀淤积的流速。这一最低的限值与污水中所含悬浮物的成分和粒度有关，与管道的水力半径、管壁的粗糙系数有关。从实际运行情况看，流速是防止管道中污水所含悬浮物沉淀的重要因素，但不是唯一的因素。根据国内污水管道实际运行情况的观测数据并参考国外经验，污水管道的最小设计流速定为 0.6 m/s。含有金属、矿物固体或重油杂质的生产污水管道，其最小设计流速宜适当加大，其值要根据试验或运行经验确定。最大设计流速是保证管道不被冲刷损坏的流速。该值与管道材料有关，通常金属管道的最大设计流速为 10 m/s，非金属管道的最大设计流速为 5 m/s。

### 3. 最小管径

一般污水在污水管道系统的上游部分，设计污水流量很小，若根据流量计算，则管径会很小。根据养护经验，管径过小极易堵塞，比如 150 mm 支管的堵塞次数，有时达到 200 mm 支管堵塞次数的两倍，使养护管道的费用增加。而 200 mm 与 150 mm 管道在同样埋深下，施工费用相差不多。此外，因采用较大的管径，可选用较小的坡度，使管道埋深减小。因此，为了养护工作的方便，常规定一个允许的最小管径。在街坊和厂区内最小管径为 200 mm，在街道下为 300 mm。在进行管道水力计算时，上游管段由于服务的排水面积小，因而设计流量小，按此流量计算得出的管径小于最小管径，此时就采用最小管径值。因此，一般可根据最小管径在最小设计流速和最大充满度情况下能通过的最大流量值，进一步估算出设计管段服务的排水面积。若设计管段的服务面积小于此值，即直接采用最小管径和相应的最小坡度而不再进行水力计算，这种管段称为非计算管段。在这些管段中，当有适当的冲洗水源时，可考虑设置冲洗井，以保证这类小管径管道的畅通。

**4. 最小设计坡度**

在污水管道系统设计时，通常使管道埋设坡度与设计地区的地面坡度基本一致，但管道坡度形成的流速应等于或大于最小设计流速，以防止管道内产生沉淀。这一点在地势平坦或管道走向与地面坡度相反时尤为重要。因此，将对应于管内流速为最小设计流速时的管道坡度叫作最小设计坡度。

从水力计算公式看出，设计坡度与设计流速的平方成正比，与水力半径的 2/3 次方成反比。由于水力半径又是过水断面积与湿周的比值，因此当在给定设计充满度条件下管径越大，相应的最小设计坡度值也就越小。所以，只须规定最小管径的最小设计坡度值即可。具体规定是，管径 200 m 的最小设计坡度为 0.004；管径 300 mm 的最小设计坡度为 0.003。

在给定管径和坡度的圆形管道中，满流与半满流运行时的流速是相等的，处于满流和半满流之间的理论流速则略大一些，而随着水深降至半满流以下，则其流速逐渐下降。所以，在确定最小管径的最小坡度时采用的设计充满度为 0.5。

(四) 污水管道的埋设深度

通常，污水管网占污水工程总投资的 50% ~ 75%，而构成污水管道造价的挖填沟槽、沟槽支撑、湿土排水、管道基础、管道铺设各部分的比重，与管道的埋设深度及开槽支撑方式有很大关系。在实际工程中，同一直径的管道，采用的管材、接口和基础形式均相同，因其埋设深度不同，管道单位长度的工程费用相差较大。因此，合理地确定管道埋深对于降低工程造价是十分重要的。在土质较差、地下水位较高的地区，若能设法减小管道埋深，对于降低工程造价尤为明显。

管道埋设深度有两种表示方法：覆土厚度是指管道外壁顶部到地面的距离；埋设深度是指管道内壁底部到地面的距离。

这两个数值都能说明管道的埋设深度。为了降低造价，缩短施工期，管道埋设深度愈小愈好。但覆土厚度应有一个最小的限值；否则，就不能满足技术上的要求。这个最小限值称为最小覆土厚度。污水管道的最小覆土厚度，一般应满足下述三个因素的要求：

### 1. 防止冰冻膨胀而损坏管道

生活污水温度相对较高，即使在冬天，水温也不会低于4℃。很多工业废水的温度也比较高。此外，污水管道按一定的坡度铺设，管内污水经常保持一定的流量，以一定的流速不断流动。因此，污水在管道内是不会冰冻的，管道周围的土壤也不会冰冻。所以，不必把整个污水管道都埋设在土壤冰冻线以下。但如果将管道全部埋设在冰冻线以上，则可能因土壤冰冻膨胀损坏管道基础，从而损坏管道。

### 2. 必须防止管壁因地面荷载而受到破坏

埋设在地面下的污水管道承受着覆盖其上的土壤静荷载和地面上车辆运行产生的动荷载。为了防止管道因外部荷载影响而损坏，首先要注意管材质量，另外必须保证管道有一定的覆土厚度。因为车辆运行对管道产生的动荷载，其垂直压力随着深度增加而向管道两侧传递，最后只有一部分集中的轮压力传递到地下管道下。从这一因素考虑并结合各地埋管经验，车行道下管道最小覆土厚度不宜小于0.7 m。非车行道下的污水管道若能满足管道衔接的要求及无动荷载的影响，其最小覆土厚度值也可适当减少。

### 3. 必须满足街区污水连接管衔接的要求

城市住宅公共建筑内产生的污水要能顺畅排入街道污水管网，就必须保证街道污水管网起点的埋深大于或等于街坊污水管终点的埋深。而街区污水管起点的埋深又必须大于或等于建筑物污水出户管的埋深，以便接入支管。对于气候温暖又地势平坦的地区而言，确定在街道管网起点的最小埋深或覆土厚度是很重要的因素。从安装技术方面考虑，要使建筑物首层卫生设备的污水能顺利排出，污水出户管的最小埋深一般采用 0.5~0.7 m，所以街区污水管道起点最小埋深也应有 0.6~0.7 m。

除考虑管道的最小埋深外，还应考虑最大埋深问题。污水在管道中依靠重力从高处流向低处。当管道的坡度大于地面坡度时，管道的埋深就愈来愈大，尤其在地形平坦的地区更为突出。埋深愈大，则造价愈高，施工期也愈长。管道埋深允许的最大值称为最大允许埋深。该值的确定应根据技术经济指标及施工方法而定，一般在干燥土壤中，最大埋深不超过 7~8 m；在多水、流砂、石灰岩地层中，一般不超过 5 m。

### （五）污水管道的衔接

管道衔接时应遵循以下两个原则：尽可能提高下游管道的高程，以减小管道的埋深，降低造价；避免在上游管段中形成回水而造成淤积。

污水管道衔接的方法，通常有水面平接和管顶平接两种。水面平接是指在水力计算中，使污水管道上游管段终端和下游管段起端在设计充满度条件下的水面相平，即上游管段终端与下游管段起端的水面标高相同。一般用于上下游管径相同的污水管道的衔接。管顶平接是指在水力计算中，使上游管段终端和下游管段起端的管内顶标高相同。一般用于上下游管径不同的污水管道的衔接。

# 第三节　雨水管渠系统及防洪工程设计计算

## 一、雨水管渠系统设计概述

雨水管渠系统是由雨水口、雨水管渠、检查井、出水口等构筑物组成的一整套工程设施。

(一) 雨水管渠设计的主要内容

雨水管渠设计的主要内容包括：①确定暴雨强度公式；②划分排水流域与排水方式，管渠定线，确定雨水泵站位置；③确定设计方法和设计参数；④计算设计流量和进行水力计算，确定每一设计管段的断面尺寸、坡度、管底标高及埋深；⑤绘制管渠平面图和纵剖面图。

(二) 雨水管渠设计的主要原则

雨水管渠设计的主要原则是：①采用当地暴雨强度公式。②根据地形地貌划分排水流域，根据流域的具体条件、建筑密度与暴雨频繁程度确定排水方式。③雨水管渠定线，应尽量利用地形，就近靠重力排入水体。④设计雨水管渠时，可结合城市规划，利用湖泊、池塘调节雨水。⑤雨水口出口的布置方式，应根据出口的水体距离流域远近、水体水位变化幅度来确定。出口水体距离流域很近、水体水位变化不大，宜采用分散出口，使雨水就近排入水体，这样经济实用；反之则宜采用集中出口。

## 二、雨水管渠设计流量的确定

雨水设计流量是确定雨水管渠断面尺寸的前提条件。城镇和工厂中排除雨水的管渠，由于汇集雨水径流的面积较小，采用推理公式来计算雨水管渠的设计流量。

(一) 雨水管渠设计流量计算公式

城市、厂矿中雨水管渠由于汇水面积小，雨水设计流量采用下式：

$$Q = \psi q F \tag{3-14}$$

式中：$Q$ ——雨水设计流量，L/s；

$\psi$ ——径流系数，其值常小于1；

$q$ ——设计暴雨强度，L/($s \cdot hm^2$)；

$F$ ——汇水面积，$hm^2$。

设计暴雨强度，是在各地雨量气象资料分析整理的基础上，按照水文学的方

法推求出来的，我国常用的暴雨强度公式为

$$q = \frac{167A_1(1 + C\lg P)}{(t + b)^n}$$

(3 - 15)

式中：$q$——设计暴雨强度，$L/(s \cdot hm^2)$；

$P$——设计重现期，年；

$A_1$，$C$，$n$，$b$——参数，根据统计方法进行计算确定；

$t$——降雨历时，min。

降雨历时，是指一场降雨的全部时间或其中个别的特征连续时段，$q$ 是 $t$ 的递减函数。由于降雨历时是随机变量，实际不好确定，在设计计算时，常通过设计管段所服务的汇水面积的集水时间来确定。所谓集水时间，是雨水从设计管段服务面积最远点达到设计管段起点断面的集流时间。

式（3-15）是根据一定的假设条件，由雨水径流成因加以推导而得出的，是半经验半理论的公式，故称为推理公式。

## （二）径流系数 $\psi$ 的确定

径流量与降水量的比值称为径流系数 $\psi$，其值常小于 1。径流系数的值因汇水面积的地面覆盖情况、地面坡度、地貌、建筑密度的分布、路面铺砌等情况的不同而异。

## （三）设计重现期 $P$ 的确定

雨水管渠设计重现期，应根据汇水地区性质、地形特点和气候特征等因素确定。同一排水系统可采用同一重现期或不同重现期。重现期一般采用 0.5~3 年。重要干道、重要地区或短期积水即能引起较严重后果的地区，一般采用 3~5 年。并应与道路设计协调。特别重要地区和次要地区可酌情增减。

## （四）降雨历时 $t$ 的确定

设计中我们用设计管段服务的全部汇水面积的雨水流达设计断面时的集水时间作为降雨历时。雨水管渠的降雨历时，应按下列公式计算：

$$t = T_0 + m \sum T_{n-n+1}$$

(3 - 16)

式中：$t$——降雨历时，min；

$T_0$——地面集水时间，视距离长短、地形坡度和地面铺盖情况而定，一般采用 $5\sim15$ min；

$m$——折减系数，暗管折减系数 $m=2$，明渠折减系数 $m=1.2$，在陡坡地区暗管折减系数 $m=1.2\sim2$；

$T_{n-n+1}$——管渠内雨水流行时间，min；

$n$——雨水检查井编号。

### 1. 地面集水时间 $T_0$ 的确定

地面集水时间受地形坡度、地面铺砌、地面种植情况、水流路程、道路纵坡和宽度等因素的影响，这些因素直接决定水流沿地面或边沟的流动速度。此外，也与暴雨强度有关，因为暴雨强度大，水流时间就短。但在上述各因素中，地面集水时间主要取决于雨水流行距离的长短和地面坡度。

为了寻求地面集水时间 $T_0$ 的通用计算方法，不少学者做了大量的研究工作，但在实际的设计工作中，要准确地计算 $T_0$ 值是困难的，故一般不进行计算，而采用经验数据。

按照经验，一般对建筑密度较大、地形较陡、雨水口分布较密的地区或街区内设置的雨水暗管，宜采用较小的 $T_0$ 值，可取 $T_1=5\sim8$ min。而在建筑密度较小、汇水面积较大、地形较平坦、雨水口布置较稀疏的地区，宜采用较大值，一般可取 $T_0=10\sim15$ min。起点井上游地面流行距离以不超过 $120\sim150$ m 为宜。

在设计工作中，应结合具体条件恰当地选定。如 $T_0$ 选用过大，将会造成排水不畅，以致使管道上游地面经常积水；选用过小，又使雨水管渠尺寸加大而增加工程造价。

### 2. 管渠内雨水流行时间的求定

$T_{n-n+1}$ 是指雨水在某一管渠内的流行时间，即

$$T_{n-n+1}=L_{n-n+1}/60v \qquad (3-17)$$

式中：$L_{n-n+1}$——第 $n$ 雨水井到第 $n+1$ 雨水井的管段长度，m；

$v$——各管段满流时的水流速度，m/s；

60——单位换算系数，1 min=60 s。

### 3. 折减系数 $m$ 的含义

降雨历时计算公式中的折减系数值 $m$，是根据我国对雨水空隙容量的理论研究成果提出的数据。它包含下面两层含义：

（1）管渠内实际的雨水流行时间大于设计计算的流行时间

雨水管渠按满流设计，但根据推理公式的原理，当降雨历时等于集流时间时，设计断面的雨水流量才达到最大值。因此，雨水管渠中的水流并非一开始就达到设计状况，而是随着降雨历时的增长才能逐渐形成满流，其流速也是逐渐增大到设计流速的。这样就出现了按满流时的设计流速计算所得的雨水流行时间小于管渠内实际雨水流行时间的情况。

（2）为利用管道内调蓄能力

雨水管渠设计最大流量实际上是个瞬时流量，对整套管道系统来讲，并不是同一时间任何断面都处于满流状态。有研究认为既然任一管段发生设计流量时，其他管段都不是满流，所以上游管段就出现了一个空隙容量，如果将此空隙充满，就可起到调蓄管段内最大流量的作用。然而这种调蓄作用，只有在当该管段内水流处于压力流条件下，才可能实现。因为只有处于压力流的管段的水位高于其上游管段未满流时的水位足够大时，才能在此水位差作用下形成回水，迫使水流逐渐向上游管段空隙处流动而充满其空隙。由于这种水流回水造成的滞流状态，使管道内实际流速低于设计流速，也就是使管内的实际水流时间增大。为了利用这一因素产生的管道调蓄能力，可用大于 1 的系数乘以用满流时流速算得的管内流行时间。

综上所述因素，$m$ 值的含义为采用增长管道中流行时间的办法，以适当折减设计流量，进而缩小管道断面尺寸和减少工程投资。

### （五）特殊情况雨水管道设计流量的确定

按照推理公式计算雨水管渠的设计流量时，假定设计管段所服务的汇水面积是从上游到下游均匀增长。按照式（3-14）和式（3-15）可知，设计流量 $Q$ 同汇水面积成正比，但暴雨强度 $q$ 随降雨历时 $t$ 递减。在实际中，当汇水面积的轮廓形状很不规则，即汇水面积的水文形状呈畸形（不均匀增长）时，可能发生管道的最大流量不是发生在全部面积参与径流时，因为全面积参与径流时对应的降雨历时很长，导致按式（3-14）得出的设计流量反而减小，这显然是不合理的，这是推理公式的局限。在这种情况下，应首先在划分各设计管段的汇水面积时，尽量均匀，若调整汇水面积的划分困难，出现服务汇水面积大的下游管段的设计流量反而小于服务汇水面积小的上游管段的设计流量时，应该以上游管段的设计流量作为下游管段的设计流量。

## 三、雨水管渠系统的设计和计算

雨水管渠系统设计的基本要求是能通畅、及时地排走城镇或工厂汇水面积内的暴雨径流量。设计人员应深入现场进行调查研究，勘踏地形，了解排水走向，收集当地的设计基础资料，作为选择设计方案及设计计算的可靠依据。

### （一）雨水管渠系统平面布置

#### 1. 充分利用地形，就近排入水体

地形坡度较大时，雨水干管宜布置在地面标高较低处；地形平坦时，雨水干管宜布置在排水流域的中间；当雨水管渠接入池塘或河道时，采用分散出水口式的管道布置；当河流水位变化很大，或管道出口离水体较远，需要提升泵站时，采用集中出水口式的管道布置。同时也宜在雨水进泵站前的适当地点设置调节池，以保证泵站运行安全。

#### 2. 根据城市规划布置雨水管道

通常应根据建筑物的分布、道路布置、街区内部的地形等布置雨水管道，使街区内绝大部分雨水以最短距离排入街道低侧的雨水管道。雨水管道应以平行道路布设，且宜布置在人行道或草地带下，而不宜布置在快车道下，以免积水时影响交通或维修管道时破坏路面，若道路宽度大于 40 m，可考虑在道路两侧分别设置雨水管道。

雨水管道的平面布置与竖向布置应考虑与其他地下构筑物的协调配合。在有池塘、坑洼的地方，可考虑雨水的调蓄。在有连接条件的地方，应考虑两个管道系统之间的连接。

### 3. 合理设置雨水口，保证路面雨水排除畅通

雨水口应根据地形及汇水面积确定。一般来说，在道路交叉口的汇水点、低洼地段、道路直线段一定距离处（25~50 m）均应设置雨水口。

### 4. 雨水管渠采用明渠或暗管，应结合具体条件确定

在城市市区或工厂内，建筑密度较高，交通量较大，雨水管道一般应采用暗管。在地形平坦地区，埋设深度或出水口深度受限制地区，可采用盖板渠排除雨水。在城郊，建筑密度较低，交通量较小的地方，可考虑采用明渠，以节省工程费用，降低造价。但明渠容易淤积，滋生蚊蝇，影响环境卫生。在每条雨水干管的起端，应尽可能采用道路边沟排除路面雨水。雨水暗管和明渠衔接处须采取一定的工程措施，以保证连接处良好的水力条件。

### 5. 设置排洪沟排除设计地区以外的雨洪径流

对于靠近山麓建设的工厂和居住区，除在厂区和居住区设雨水道外，尚应考虑在设计地区周围或超过设计区设置排洪沟，以拦截从分水岭以内排泄下来的雨洪，引入附近水体，保证工厂和居住区的安全。

## （二）雨水管渠系统的设计步骤和水力计算

首先要收集和整理设计地区的各种原始资料作为基本的设计数据。然后根据具体情况进行设计。

### 1. 划分排水流域和管道定线

应根据城市的总体规划图或工厂的总平面图，按实际地形划分排水流域。为了充分利用街道边沟的排水能力，每条干管起端100 m左右可视具体情况铺设雨水暗管。雨水支管一般设在街坊较低侧的道路下。

### 2. 划分设计管段

根据管道的具体位置，在管道转弯处、管径或坡度改变处、有支管接入处或两条以上管道交会处及超过一定距离的直线管段上都应设置检查井。把两个检查井之间流量没有变化且预计管径和坡度也没有变化的管段定为设计管段，并从管段上游往下游按顺序进行检查井的编号。

**3. 均匀划分并计算各设计管段的汇水面积**

各设计管段汇水面积应结合地形坡度、汇水面积的大小及雨水管道布置等情况而划定。地形较平坦时，可按就近排入附近雨水管道的原则划分汇水面积；地形坡度较大时，应按地面雨水径流的水流方向划分汇水面积，并将每块面积进行编号，计算其面积的数值注明在图中。汇水面积除街区外，还包括街道绿地。

**4. 确定各排水流域的平均径流系数值**

通常根据排水流域内各类地面的面积数或所占比例，计算出该排水流域的平均径流系数。也可根据规划的地区类别，采用区域综合径流系数。

**5. 列表进行雨水干管的设计流量和水力计算**

以求得各管段的设计流量及确定各管段的管径、坡度、流速、管底标高和管道埋深值等。

计算时须先定管道起点的埋深或是管底标高。雨水管道衔接一般采用管顶平接。若有旁侧管道接入，应选择管底标高低的那一根，如高差较大，应考虑跌水措施。

**6. 绘制图纸**

图纸包括平面图和剖面图。

## (三) 立体交叉道路排水

随着国民经济和城市化建设的不断发展，城市道路的功能得到不断完善，复杂的城市道路网络出现越来越多的城市立交桥。而立交排水问题也已逐渐成为影响城市交通安全顺畅运行的重要因素，受到有关部门的重视。立体交叉道路排水应排除汇水区域的地面径流水和影响道路功能的地下水，其形式应根据当地规划、现场水文地质条件、立交形式等工程特点确定。

立交雨水排水系统能有效地排除立交范围内汇集的大量雨水，维持城市道路安全顺畅。由于立交两侧引道纵坡一般都较大，具有降雨时聚水较快的特点，若排除不及时就会威胁行车行人安全，以致中断道路交通，而众多立交一般又位于城市道路系统的咽喉部位，一旦交通中断往往影响很大，所以对其排水要求高于一般的雨水排水系统。立交雨水排水系统由雨水收集系统和雨水泵站组成。

由于立交引道坡度较大（通常为 2%~3.5%），造成雨水的地面径流流速较大，接近甚至超过管道排放的流速，在引道上设置雨水井效果并不理想，所以一般采取在立交最低处设置多算集水井来收集雨水，就近进入泵站集水池。多算集水井的个数是雨水设计流量与单个集水井容纳流量的比值，并考虑 1.2~1.5 的堵塞系数。近几年的设计与运行经验表明，利用潜水泵的立交排水泵站在实践中取得的效果较好，这是由潜水泵及潜水泵站的优点决定的，其优点如下：工程投资省，一般可节省 40%~60%，工期可以缩短 1/2~2/3；安装维护方便，可临时安装；运行安全可靠，辅助设备少，降低了故障率；运行条件大为改善，泵房与控制室分开，振动、噪声小；自动化程度高，潜水泵机组启动程序简单、操作程序简化；泵房结构简化。

立交雨水排水系统设计与城市雨水排水系统的设计原理相同，但有其特殊性。立交道路雨水排水系统因其整个系统较周围环境要低，需要重点考虑排水安全性，故其设计参数较一般排水系统要相应提高。立体交叉道路排水的地面径流量计算，宜符合下列规定：

第一，设计重现期不小于 3 年，重要区域标准可适当提高，同一立体交叉工程的不同部位可采用不同的重现期。

第二，地面集水时间宜为 5~10 min。

第三，径流系数宜为 0.8~1.0。

第四，汇水面积应合理确定，宜采用高水高排、低水低排互不连通的系统，并应有防止高水进入低水系统的可靠措施。

第五，立体交叉地道排水应设独立的排水系统，其出水口必须可靠。

第六，当立体交叉地道工程的最低点位于地下水位以下时，应采取排水或控制地下水的措施。

第七，高架道路雨水口的间距宜为 20~30 m。每个雨水口单独用立管引至地面排水系统。雨水口的入口应设置格网。

# 第四节　排水泵站及其设计

## 一、概述

### (一) 排水泵站组成与分类

排水泵站的工作特点是所抽升的水一般含有大量的杂质，且来水的流量逐日逐时都在变化。排水泵站的基本组成包括机器间、集水池、格栅、辅助间，有时还附设有变电所。机器间内设置水泵机组和有关的附属设备。格栅和吸水管安装在集水池内，集水池还可以在一定程度上调节来水的不均匀性，以使泵能较均匀工作。格栅的作用是阻拦水中粗大的固体杂质，以防止杂物阻塞和损坏泵。辅助间一般包括贮藏室、修理间、休息室和厕所等。

排水泵站可以按以下方式分类：

第一，按排水的性质，一般可分为污水泵站、雨水泵站、合流泵站和污泥泵站。

第二，按其在排水系统中的作用，可分为中途泵站（或称区域泵站）和终点泵站（又称总泵站）。中途泵站通常是为了避免排水干管埋设太深而设置的。终点泵站是将整个城镇的污水或工业企业的污水抽送到污水处理厂或将处理后的污水提升投放。

第三，按泵启动前能否自流充水，可分为自灌式泵站和非自灌式泵站。

第四，按泵站的平面形状，可以分为圆形泵站和矩形泵站。

第五，按集水池与机器间的组合情况，可分为合建式泵站和分建式泵站。

第六，按照控制的方式，可分为人工控制、自动控制和遥控三类。

### (二) 排水泵站的形式及特点

排水泵站的形式主要取决于水力条件、工程造价，以及泵的规模、泵站的性质、水文地质条件、地形地物、挖深及施工方法、管理水平、环境要求、选用泵的形式等因素。下面就几种典型的排水泵站说明其优缺点及适用条件。

### 1. 干式泵站和湿式泵站

雨水泵站的特点是流量大、扬程小，因此大都采用轴流泵；有时也用混流泵。其基本形式有干式泵站与湿式泵站。

（1）干式泵站

集水池和机器间由隔墙分开，只有吸水管和叶轮淹没在水中；机器间可经常保持干燥，有利于对泵的检修和维护。泵站共分三层：上层是电动机间，安装立式电动机和其他电气设备；中层为机器间，安装泵的轴和压水管；下层是集水池。机器间与集水池用不透水的隔墙分开；集水池的雨水，除了进入水泵间以外，不允许进入机器间，因而电动机运行条件好，检修方便，卫生条件也好。其缺点是结构复杂，造价较高。

（2）湿式泵站

电动机层下面是集水池，泵浸于集水池内。其结构虽比干式泵站简单，造价较少，但泵的检修不方便。泵站内比较潮湿，且有臭味，不利于电气设备的维护和管理工人的健康。

### 2. 圆形泵站和矩形泵站

合建式圆形排水泵站，装设卧式泵，自灌式工作。它适合于中、小型排水量，水泵不超过四台。圆形结构受力条件好，便于采用沉井法施工，可降低工程造价。泵启动方便，易于根据吸水井中水位实现自动操作。其缺点是：机器间内机组与附属设备布置较困难，当泵站很深时，工人上下不便，且电动机容易受潮。由于电动机深入地下，须考虑设置通风设施，以降低机器间的温度。

合建式矩形排水泵站是将合建式圆形排水泵站中的卧式泵改为立式离心泵（也可用轴流泵），以避免合建式圆形排水泵站的上述缺点。但是，立式离心泵安装技术要求较高，特别是泵站较深、传动轴较长时，须设中间轴承及固定支架，以免泵运行时传动轴产生振荡。这类泵站能减少占地面积，降低工程造价，并使电气设备运行条件和工人操作条件得到改善。合建式矩形排水泵站装设立式泵，自灌式工作。大型泵站用此种类型较合适。泵台数为四台或更多时，采用矩形机器间，机组、管道和附属设备的布置较方便，启动操作简单，易于实现自动化。

电气设备置于上层，不易受潮，工人操作条件良好。缺点是建造费用高。当土质差、地下水位高时，因施工困难，不宜采用。

### 3. 自灌式泵站和非自灌式泵站

水泵及吸水管的充水有自灌式（包括半自灌式）和非自灌式两种方式，故泵站也可分为自灌式泵站和非自灌式泵站。

（1）自灌式泵站

水泵叶轮或泵轴低于集水池的最低水位，在最高、中间和最低水位三种情况下都能直接启动。半自灌式泵站是指泵轴仅低于集水池的最高水位，当集水池达到最高水位时方可启动。自灌式泵站的优点是：启动及时可靠，不需要引水辅助设备，操作简单。其缺点是：泵站较深，增加地下工程造价，有些管理单位反映吊装维修不便，噪声较大，甚至会妨碍管理人员利用听觉判断水泵是否正常运转。采用卧式泵时电动机容易受潮。在自动化程度较高的泵站，较重要的雨水泵站、立交排水泵站，开启频繁的污水泵站中，宜尽量采用自灌式泵站。

（2）非自灌式泵站

泵轴高于集水池的最高水位，不能直接启动。由于污水泵吸水管不得设底阀，故须采用引水设备。这种泵站深度较浅，室内干燥，卫生条件较好，利于采光和自然通风，值班人员管理维修方便，但管理人员必须能熟练地掌握水泵启动工序。在来水量较稳定，水泵开启并不频繁，或在场地狭窄，或水文地质条件不好，施工有一定困难的条件下，采用非自灌式泵站。常用的引水设备及方式有真空泵引水、真空罐引水、密闭水箱引水和鸭管式无底阀引水。

### 4. 分建式泵站和合建式泵站

（1）分建式排水泵站

当土质差、地下水位高时，为了减少施工困难和降低工程造价，将集水池与机器间分开修建是合理的选择。将一定深度的集水池单独修建，施工上相对容易些。为了减小机器间的地下部分深度，应尽量利用泵的吸水能力，以提高机器间标高。但是，应注意不要将泵的允许吸上真空高度利用到极限，以免泵站投入运行后吸水发生困难。因为在设计时对施工可能发生的种种与设计不符的情况，以及运行后管道积垢、泵磨损、电源频率降低等情况都无法事先准确估计，所以适当留有余地是必要的。分建式泵站的主要优点是：结构简单，施工较方便，机器间没有污水渗透和被污水淹没的危险；缺点是：泵的启动较频繁，给运行操作带来困难。

（2）合建式排水泵站

当机器间泵中轴线标高高于水池中水位时（机器间与集水池的底板不在同一标高时），泵也要采用抽真空启动。这种类型适应于土质坚硬、施工困难的条件，为了减少挖方量而不得不将机器间抬高。在运行方面，它的缺点同分建式排水泵站。实际工程中采用较少。

**5. 半地下式泵站和全地下式泵站**

（1）半地下式泵站有两种情况

一种是自灌式。机器间位于地面以下以满足自灌式水泵启动的要求，将卧式水泵底座与集水池底设在一个水平面上。另一种是非自灌式。机器间高程取决于吸水管的最大吸程，或吸水管上的最小覆土。半地下式泵站地面以上建筑物的空间要能满足吊装、运输、采光、通风等机器间的操作要求，并能设置管理人员的值班室和配电室。一般排水泵站应采用半地下式泵站。

（2）全地下式泵站

在某些特定条件下，泵站的全部构筑物都设在地面以下，地面以上没有任何建筑物，只留有供人出入的门（或人孔）和通气孔、吊装孔。全地下式泵站的缺点是：通风条件差，容易引起中毒事故，在污水泵站中还可能有沼气积累甚至会发生爆炸；潮湿现象严重，会因电机受潮而影响正常运转；管理人员出入不方便，携带物件上下更加困难；为满足防渗防潮要求，需要全部采用钢筋混凝土结构，工程造价较高。因此，应尽量避免采用全地下式泵站。当受周围建筑物局限，或该地区有特殊要求不允许有地面建筑，不得不设置全地下式泵站时，应采取以下措施：必须有良好的机械通风设备，保证室内空气流通；电机间、水泵间、集水池都应设直接通向室外的吊装孔；门或人孔的尺寸应能满足两人同时进出的要求。人孔最好用矩形，宽度不小于 1.2 m；上下楼梯踏步应采用钢筋混凝土结构，不允许采用钢筋或角钢焊接；尽可能采用自动化遥控。

### 6. 其他泵站形式

（1）螺旋泵站

污水由来水管进入螺旋泵的水槽内，螺旋泵的电动机及有关的电气设备设于机器间内，污水经螺旋泵提升进入出水渠，出水渠起端设置格栅。采用螺旋泵抽水可以不设集水池，不建地下式或半地下式泵站，节约土建投资。螺旋泵抽水不需要封闭的管道，因此水头损失较小，电耗较省。由于螺旋泵螺旋部分是敞开的，维护与检修方便，运行时无须看管，所以便于实行遥控和在无人看管的泵站中使用，还可以直接安装在下水道内提升污水。

螺旋泵可以提升破布、石头、杂草、罐头盒、塑料袋以及废瓶子等任何能进入泵叶片之间的固体。因此，泵前可不必设置格栅。格栅设于泵后，在地面以上，便于安装、检修与清除。使用螺旋泵时，可完全取消通常其他类型污水泵配用的吸水喇叭管、底阀、进水和出水闸阀等配件和设备。

螺旋泵还有一些其他泵所没有的特殊功能。例如，用在提升活性污泥和含油污水时，由于其转速慢，不会打碎污泥颗粒和矾花。用于沉淀池排泥，能对沉淀污泥起一定的浓缩作用。

但是，螺旋泵也有缺点：受机械加工条件的限制，泵轴不能太粗太长，所以扬程较低，一般为 3~6 m，不适用于高扬程、出水水位变化大或出水为压力管的场合。在需要较大扬程的地方，往往采用二级或多级抽升的布置方式。由于螺旋泵是斜装的，体积大，占地也大，耗钢材较多。此外，螺旋泵是开敞式布置，运行时有臭气逸出。

（2）潜水泵站

随着各种国产潜水泵质量的不断提高，越来越多的新建或改建的排水泵站都采用了各种形式的潜水泵，包括排水用潜水轴流泵、潜水混流泵、潜水离心泵等。其最大的优点是：不需要专门的机器间，将潜水泵直接置于集水井中。但对潜水泵尤其是潜水电机的质量要求较高。

在工程实践中，排水泵站的类型是多种多样的。究竟采取何种类型，应根据具体情况，经多方案技术经济比较后决定。根据我国设计和运行经验，凡泵台数不多于四台的污水泵站和三台或三台以下的雨水泵站，其地下部分结构采用圆形最为经济，其地面以上构筑物的形式必须与周围建筑物相适应。当泵台数超过上述数量时，地下及地上部分都可采用矩形或由矩形组合成的多边形或椭圆形；地下部分有时为了发挥圆形结构比较经济和便于沉井施工的优点，可以将集水池和机器间分为两个构筑物，或者将泵分设在两个地下的圆形构筑物内。这种布置适用于流量较大的雨水泵站或合流泵站。对于抽送会产生易燃易爆和有毒气体的污水泵站，必须设计为单独的建筑物，并应采用相应的防护措施。

## 二、排水泵站工艺设计要求

排水泵站设计的一般要求如下：

### （一）设计流量和设计扬程

#### 1. 设计流量

排水泵站设计流量宜按远期规模设计，水泵机组可按近期配置。

（1）污水泵站的设计流量应按泵站进水总管的最高日最高时流量计算。

（2）雨水泵站的设计流量应按泵站进水总管的设计流量计算。但当立交道路设有盲沟时，其渗流水量应单独计算。

雨污分流不彻底、短时间难以改建的地区，雨水泵站可设置混接污水截流设施，并应采取措施排入污水处理系统。

目前，我国许多地区都采用合流制和分流制并存的排水制度；还有一些地区雨污分流不彻底，短期内又难以完成改建。市政排水管网雨污水管道混接一方面降低了现有污水系统设施的收集处理率，另一方面又造成了对周围水体环境的污染。雨污混接方式主要有建筑物内部洗涤水接入雨水管、建筑物污废水出户管接入雨水管、化粪池出水管接入雨水管、市政污水管接入雨水管等。

#### 2. 设计扬程

（1）污水泵和合流污水泵的设计扬程

出水管渠水位以及集水池水位的不同组合，可组成不同的扬程。在设计流量时，出水管渠水位与集水池设计水位之差加上管路系统水头损失和安全水头为设计扬程；在设计最小流量时，出水管渠水位与集水池设计最高水位之差加上管路系统水头损失和安全水头为最低工作扬程；在设计最大流量时，出水管渠水位与

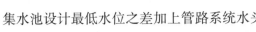

集水池设计最低水位之差加上管路系统水头损失和安全水头为最高工作扬程。安全水头一般为 0.3~0.5 m。

（2）雨水泵站的设计扬程

受纳水体水位以及集水池水位的不同组合，可组成不同的扬程。受纳水体水位的常水位或平均潮位与设计流量下集水池设计最高水位之差加上管路系统水头损失为设计扬程；受纳水体平均水位与集水池设计最高水位之差加上管路系统水头损失为最高工作扬程；受纳水体水位的高水位或防汛潮位与集水池设计最低水位之差加上管路系统水头损失为最低工作扬程。

## （二）泵站设计

### 1. 水泵配置

水泵选择应根据设计流量和所需的扬程等因素确定，且应符合以下要求：

（1）水泵宜选同一型号，台数不应少于 2 台，不宜大于 8 台。当流量变化很大时，可配置不同规格的水泵，但不宜超过两种，或采用变频调速装置，或采用叶片可调试水泵。

（2）污水泵站和合流泵站应设备用泵。当工作泵台数少于 4 台时，备用泵宜为 1 台。当工作泵台数多于 5 台时，备用泵宜为 2 台；当潜水泵站备用泵为 2 台时，可现场备用 1 台，库存备用 1 台；雨水泵站可不设备用泵；立交道路的雨水泵站可视泵站重要性设置备用泵。

（3）选用的水泵宜在满足设计扬程时在高效区运行；在最高工作扬程与最低工作扬程的整个工作，当两台以上水泵并联运行合用一根出水管时，应根据水泵特性曲线和管路工作特性曲线验算单台泵的工况，使之符合设计要求。

（4）多级串联的污水泵站和合流污水泵站，应考虑级间调整的影响。

（5）水泵吸水管设计流速宜为 0.7~1.5 m/s，出水管流速宜为 0.8~2.5 m/s。

（6）非自灌式水泵应设引水设备，小型水泵可设底阀或真空引水设备。

（7）雨水泵站应采用自灌式泵站，污水和合流污水泵站宜采用自灌式泵站。

### 2. 水泵站布置

水泵站布置宜符合以下要求：

（1）水泵站的平面布置。水泵布置宜采用单行布置，主要机组的布置和通道宽度应满足机电设备安装、运行和操作的要求：水泵机组基础间的净距不宜小于1.0 m，机组凸出部分与墙壁的净距不宜小于1.2 m，主要通道宽度不宜小于1.5 m；配电箱前面的通道宽度，低压配电时不宜小于1.5 m，高压配电时不宜小于2.0 m；当采用在配电箱后检修时，配电箱后距墙的净距不宜小于1.0 m；有电动起重机的泵站内，应有吊装设备的通道。

（2）水泵站的高程布置。泵站各层层高应根据水泵机组、电气设备、起吊装置、安装、运行和检修等因素确定。水泵机组基座应按水泵的要求设置，并应高出地坪0.1 m以上；泵站内地面铺设管道时，应根据需要设置跨越设施，若架空铺设时，不得跨越电气设备和阻碍通道，通行处的管底距地面不宜小于2.0 m；当泵站为多层时，楼板应设置吊物孔，其位置应在起吊设备的工作范围内，吊物孔尺寸应按所需吊装的最大部件外形尺寸每边放大0.2 m以上。

泵站室外地坪标高应按城镇防洪标准确定，并符合规划部门要求。泵站室内地坪应比室外地坪高0.2~0.3 m。易受洪水淹没地区的泵站，其入口处设计地面标高应比设计洪水位高0.5 m以上。当不能满足上述要求时，可采取在入口处设置闸槽墩的临时性防洪措施。

## 3. 集水池

（1）集水池容积。为了泵站正常运行，集水池的贮水部分必须有适当的有效容积。集水池的设计最高水位与设计最低水位之间的容积为有效容积。集水池有效容积应根据设计流量、水泵能力和水泵工作情况等因素确定；计算范围，除集水池本身外，可以向上游推算到格栅部位。若容积过小，水泵开停频繁；若容积过大，则增加工程造价。污水泵站集水池容积应符合下列要求：污水泵站集水池的容积不应小于最大一台水泵5 min的出水量；若水泵机组为自动控制时，每小时开动水泵不得超过6次；对于污水中途泵站，其下游泵站集水池容积应与上游泵站工作相匹配，防止集水池壅水和开空车。

雨水泵站和合流污水泵站集水池的容积，由于雨水进水管部分可作为贮水容积考虑，仅规定不应小于最大一台水泵30s的出水量。

对于间歇使用的泵站集水池，应按一次排入的水量、泥量和水泵抽送能力计算。

（2）集水池设计水位。污水泵站集水池设计最高水位应按进水管充满度计算；雨水泵站和合流污水泵站集水池设计最高水位应与进水管管顶相平；当设计进水管道为压力管时，集水池设计最高水位可高于进水管管顶，但不得使管道有地面冒水。对于大型合流污水输送泵站集水池的容积，应按管网系统中调压塔原理复核。

集水池设计的最低水位应满足所选水泵吸升水头的要求，自灌式泵站尚应满足水泵叶轮浸没深度的要求。

（3）集水池的构造要求。泵站应采取正向进水，应考虑改善水泵吸水管的水力条件、减少滞流或涡流，以使水流顺畅、流速均匀。侧向进水易形成集水池下游端的水泵吸水管处于水流不稳、流量不均的状态，对水泵运行不利。由于进水条件对泵站运行极为重要，必要时，流量在 15 m³/s 以上的泵站宜通过水力模型试验确定进水布置方式，5～15 m³/s 的泵站宜通过数学模型计算确定进水布置方式。

在集水池前应设置闸门或闸槽。泵站应设置事故排出口，污水泵站和合流污水泵站设置事故排出口应报有关部门批准。集水池的布置会直接影响水泵吸水的水流条件。水流条件差，会出现滞留或涡流，不利于水泵运行，会引起气蚀，效率下降，出水量减少，电动机超载，水泵运行不稳定、产生噪声和振动、增加能耗。集水池底部应设集水坑，倾向坑的坡度不宜小于 10%；集水坑应设冲洗装置，宜设清泥设施。

对于雨水进水管沉砂量较多的地区，宜在雨水泵站前设置沉砂设施和清砂设备。

**4. 出水设施**

（1）当两台或两台以上水泵合用一根出水管时，每台水泵的出水管均应设置闸阀，并在闸阀和水泵之间设置止回阀。当污水泵出水管与压力管或压力井相连时，出水管上必须安装止回阀和闸阀的防倒流装置，雨水泵的出水管末端宜设置防倒流装置，其上方宜考虑设置起吊设施。

（2）合流污水泵站宜设试车水回流管。出水并通向河道一侧应安装出水闸门或采取临时性的防堵措施，雨水泵站出水口位置选择应避免桥梁等水中构筑物，出水口和护坡结构不得影响航道，水流不得冲刷河道或影响航运安全，出口流速宜小于 0.5 m/s，并取得航运、水利部门的同意。泵站出水口处应设置警示标志。

（三）排水泵站的其他要求

第一，排水泵站宜设计为单独的建筑物，泵站与居住房屋和公共建筑物的距离应满足规划、消防和环保部门的要求。对于抽送产生易燃易爆和有毒有害气体的污水泵站，应采取相应的防护措施。

第二，排水泵站的建筑物和附属设施宜采取防腐蚀措施。

第三，排水泵站供电应按二级负荷设计，特别重要地区的泵站应按一级负荷设计。当不满足上述要求时，应设置备用动力设施。

第四，水泵站宜按集水池的液位变化自动控制运行，宜建立遥测、遥信和遥控系统。排水管网关键节点流量的监控宜采用自动控制系统。

第五，排水管网关键节点应设置流量监测装置。排水管网关键节点指排水泵站、主要污水和雨水排放口、管网中流量可能发生剧烈变化的位置等。

第六，对于位于居民区和重要地段的污水、合流污水泵站，应设置除臭装置；自然通风条件差的地下式水泵间应设机械送排风综合系统。

## 三、污水泵站的工艺设计

### （一）泵站设计流量确定与泵的选择

#### 1. 泵站设计流量的确定

城市污水的排水量是不均匀的。要合理地确定泵的流量及其台数以及决定集水池的容积，必须了解最高日中每小时污水流量的变化情况。而在设计排水泵站时，这种资料往往难以获得。因此，排水泵站的设计流量一般均按最高日最高时污水流量决定。小型排水泵站（最高日污水量在 5000 m³/d 以下），一般设 1~2 台机组；大型排水泵站（最高日污水量超过 15000 m³/d）设 3~4 台机组。

污水泵站的流量随着排水系统的分期建设而逐渐增大，在设计时必须考虑这一因素。

#### 2. 泵的选择

选用工作泵的要求是在满足最大排水量的条件下，投资低，电耗省，运行安全可靠，维护管理方便。在可能的条件下，每台泵的流量最好相当于 1/2~1/3 的设计流量，并且以采用同型号泵为好。这样对设备的购置、设备与配件的备用、安装施工、维护检修都有利。但从适应流量的变化和节约电耗考虑，采用大小搭配较为合适。如果选用不同型号的两台泵时，则小泵的出水量应不小于大泵出水量的 1/2；如果设一大两小共三台泵时，则小泵的出水量不小于大泵出水量的 1/3。在污水泵站中，一般选择立式离心污水泵。当流量大时，可选择轴流泵；当泵站不太深时，也可选用卧式离心泵。排除含有酸性或其他腐蚀性工业废水时，应选择耐腐蚀的泵。排除污泥时，应尽可能选用污泥泵。

为了保证泵站的正常工作，需要有备用机组和配件。如果泵站经常工作的泵不多于四台，且为同一型号，则可只设一套备用机组；当超过四台时，除安设一套备用机组外，在仓库中还应存放一套。

污水泵站集水池的容积与进入泵站的流量变化情况、泵的型号、台数及其工作制度、泵站操作性质、启动时间等有关。

集水池的容积在满足安装格栅和吸水管的要求、保证泵工作时的水力条件以及能够及时将流入的污水抽走的条件下，应尽量小些。因为缩小集水池的容积，不仅能降低泵站的造价，还可减轻集水池污水中大量杂物的沉积和腐化。

全日运行的大型污水泵站的集水池容积是根据工作泵机组停车时启动备用机组所需的时间来计算的，一般可采用不小于泵站中最大一台泵 5 min 出水量的体积。

对于小型污水泵站，由于夜间的流入量不大，通常在夜间停止运行。在这种情况下，必须使集水池容积能够满足储存夜间流入量的要求。

对于工厂污水泵站的集水池，还应根据短时间内淋浴排水量来复核它的容积，以便均匀地将污水抽送出去。

抽升新鲜污泥、消化污泥、活性污泥泵站的集泥池容积，应根据从沉淀池、消化池一次排出的污泥量或回流和剩余的活性污泥量计算确定。

## (二) 机组与管道的布置特点

### 1. 机组的布置特点

污水泵站中机组台数一般不超过 4 台，而且污水泵都是从轴向进水，一侧出水，所以常采取并列的布置形式。

机组间距及通道大小，可参考给水泵站的要求。

为了减小集水池的容积，污水泵机组的"开""停"比较频繁。为此，污水泵常采取自灌式工作。这时，吸水管上必须装设闸门，以便检修泵。但是，采取自灌式工作会使泵站埋深加大，增加造价。

**2. 管道的布置与设计特点**

每台泵应设置一条单独的吸水管，这不仅改善了水力条件，而且可减少杂质堵塞管道的可能性。

吸水管的设计流速一般采用 $1.0 \sim 1.5 \, \mathrm{m/s}$，最低不得小于 $0.7 \, \mathrm{m/s}$，以免管内产生沉淀。吸水管很短时，流速可提高到 $2.0 \sim 2.5 \, \mathrm{m/s}$。

如果泵是非自灌式工作的，应利用真空泵或水射器引水启动；不允许在吸水管进口处装设底阀，因底阀在污水中易被堵塞，影响泵的启动，且增加水头损失和电耗。吸水管进口应装设喇叭口，其直径为吸水管直径的 $1.3 \sim 1.5$ 倍。喇叭口安设在集水池的集水坑内。

压水管的流速一般不小于 $1.5 \, \mathrm{m/s}$。当两台或两台以上的泵合用一条压水管而仅一台泵工作时，其流速也不得小于 $0.7 \, \mathrm{m/s}$，以免管内产生沉淀。各泵的出水管接入压水干管（连接管）时，不得自干管底部接入，以免泵停止运行时该泵的压水管形成杂质淤积。每台泵的压水管上均应装设闸门。污水泵出口一般不装设止回阀。

泵站内管道一般采用明装铺设。吸水管道常置于地面上，压水管由于泵站较深，多采用架空安装，通常沿墙架设在托架上。所有管道应注意稳定。管道的布置不得妨碍泵站内的交通和检修工作。不允许把管道装设在电气设备的上空。

污水泵站的管道易受腐蚀。钢管抗腐蚀性较差，因此一般应避免使用钢管。

（三）泵站内标高的确定

泵站内标高主要根据进水管渠底标高或管中水位确定。自灌式泵站集水池底板与机器间底板标高基本一致，而非自灌式（吸入式）泵站由于利用了泵的真空吸上高度，机器间底板标高较集水池底板高。

对于小型泵站，集水池中最高水位取进水管渠渠底标高；对于大、中型的泵站可取进水管渠计算水位标高。而集水池的有效水深，从最高水位到最低水位，一般取 1.5~2.0 m，池底坡度 $i = 0.1~0.2$ 倾向集水坑。集水坑的大小应保证泵有良好的吸水条件，吸水管的喇叭口放在集水坑内一般朝下安设，其下缘在集水池中最低水位以下 0.4 m，离坑底的距离不小于喇叭进口 1.5~2.0 m 直径的 0.8 倍。清理格栅工作平台应比最高水位高出 0.5 m 以上。平台宽度应不小于 0.8 m。沿工作平台边缘应有高 1.0 m 的栏杆。为了便于下到池底进行检修和清洗，从工作平台到池底应设有爬梯，方便上下。

对于非自灌式泵站，泵轴线标高可根据泵允许吸上真空高度和当地条件确定。泵基础标高则由泵轴线标高推算，进而可以确定机器间地坪标高。机器间上层平台标高一般应比室外地坪高出 0.5 m。

对于自灌式泵站，泵轴线标高可由喇叭口标高及吸水管上管配件尺寸推算确定。

# 第五节　基于海绵城市理念的城市排水设计

## 一、海绵城市内涵

海绵城市是我国针对当前城市内涝问题提出的城市发展理念，旨在解决城市的内涝以及水资源不足的问题。海绵城市，从字面意思理解就是城市能够像海绵一样可以吸水，从而在城市中储存雨水，减少地表径流量。这样不仅缓解城市内涝问题，而且使城市获得更多的水资源。在传统城市建设中，常将所有路面进行硬化，容易导致大雨时，城市需要依靠各种人工设施来进行排水。而海绵城市理念则强调在城市中首先利用绿地、花园等进行排水。

## 二、海绵城市理念在城市排水设计中的价值体现

### （一）提升城市水资源利用率

在传统城市建设模式中，由于在排水设计中对雨水利用没有足够重视，导致

城市雨水利用效率极低；而在海绵城市理念中，重视对资源的储存和利用，强调对城市排水系统进行科学合理的设计和规划，促使城市有更强的储水功能，进而实现对水资源的有效利用。另外，海绵城市理念强调在城市排水设计中，需要实现对排水系统的优化，促使城市排水不再仅依靠各种人工管道，而是要在人工管道的基础上设计新的排水系统，从而促使城市排水系统实现升级。

### （二）缓解城市内涝及内旱

很多城市产生的内涝或内旱问题都可以通过海绵城市建设得到解决。在我国雨季往往会出现内涝问题，尤其是我国南方地区城市，内涝问题更加严重。如果排水系统无法满足排水需求，城市就会出现内涝问题，从而给城市带来巨大的经济损失，影响城市的健康发展。而通过海绵城市理念进行城市排水设计，使城市在雨季将一部分雨水储存起来，然后在旱季到来时进行利用。这样不仅能够解决城市的内涝问题，而且可解决城市内旱问题，使城市整体功能得到优化，促进城市的健康发展。

### （三）减少城市水污染

城市的快速发展对生态环境造成了冲击和破坏，也产生了严重的水资源污染问题，导致城市水资源短缺，进而影响人类的健康发展。在城市排水设计中应用海绵城市理念，对城市环境产生积极影响，减少人类活动对水资源的污染，改善城市居民的生活环境，同时提升城市水资源利用率。

## 三、城市内涝原因分析

### （一）城市排水系统基础设施尚不完善

随着我国经济的高速发展，城市化建设日新月异。从近些年的实际情况来看，我国的城市化发展还处于摸索发展阶段，在城市排水系统建设标准、城市防洪标准等方面尚存在一些问题，还需要进一步优化和完善。因此，早期完成建设的城市在排水系统方面存在排水管标准较低等问题。除此之外，很多城市排水系统还存在管道以及其他设备年久失修、设备老化等问题，导致排水系统排水功能不断降低。同时，对排水系统进行维修往往需要投入大量资金和人力，增加城市的工作量以及难度。另外，由于城市的扩张和人口的增加，城市用水量不断上升，导致城市水资源不足。因此，必须转变城市建设思路，在海绵城市理念指导下，优化排水系统设计，解决城市内涝问题。

### （二）气候变化的影响

随着全球总人口数的逐年增加，对资源的开发和利用程度逐渐提升。由于对资源的不合理开发，不仅浪费自然资源，而且导致自然生态环境遭到破坏，促使全球气候产生变化。近年来，由于全球气候变化的影响，全世界出现极端天气和气候异常的频率不断上升，给人类的生存、生活带来了严重影响。对于任何一座城市而言，排水系统的排水能力往往具有上限，如果排水系统中部分管道承载能力达到上限，就会使其他管道出现问题，从而导致整座城市出现内涝，造成经济损失。

### （三）城市雨水资源利用效率较低

在生态环境良好的地区，人类的干扰较少，在降水过程中，大部分雨水渗透到地下，其余雨水则会随着地表径流流失。渗入地下的雨水补充地下水，在地下形成暗流，流入江河，最终流入大海。而大海中的水则在蒸发作用下以水蒸气的形式重新回到陆地上空，形成降水，即大自然的水循环。雨水蒸发量增多，提高空气质量。通过绿色屋顶还能使雨水进入地面蓄水池中，实现水资源的存储。

## 四、海绵城市建设的主要内容

### （一）源头减排

源头减排即狭义的低影响开发技术，其核心是采取源头、分散式措施维持场地开发前后水文特征不变，如径流总量、峰值流量、峰现时间等。源头减排主要应对中小降雨量，强调的是在进入雨水管道之前，通过源头减排措施的渗透、储存、调节、转输与截污净化等功能，从源头控制径流量。发生降雨时可以将雨水下渗消化掉，以减少地表径流，同时也降低了径流峰值；再通过调蓄等措施，进一步减少外排径流量；还可以结合一些滞留措施，如植草沟减缓径流速度，从而达到进一步削减径流峰值的目的。

## （二）雨水管渠系统

雨水管渠系统，即传统的城市雨水管网系统，是城市排水防涝的重要组成部分，由雨水口、雨水管渠、检查井、提升泵站、出水口、调节池等设施组成。它主要担负重现期为1~10年降雨的安全排放，保证城市的安全运行。在设计过程中，我国要求一般地区雨水管网设计重现期为1~3年，重要地区为3~5年，特别重要地区采用10年或以上。使用的重现期越大，排水管网系统设计规模相应增大，排水顺畅，但投资较高；反之，投资较小，但安全性较差。另外，针对排水负荷大的已建城区，单纯使用提标改造的方法仍难以应对更大的暴雨。因此，仅靠提高城市雨水管渠规模无法解决城市内涝问题，还须源头减排和超标雨水径流排放系统的共同作用。

## （三）超标雨水径流排放系统

超标雨水径流排放系统主要是指应对超标暴雨或极端天气下特大暴雨的蓄排系统，发达国家一般按百年一遇的暴雨进行校核，我国在超标雨水径流系统方面没有明确的设计要求。超标雨水径流排放系统一般通过自然水体、多功能调蓄水体、行泄通道、大型调蓄池、深层隧道等自然途径或人工设施构建。当遭遇超过雨水管渠系统排水能力的特大暴雨时，通过地面或地下输送、暂存等措施缓解城市内涝，以保证城市交通等重要设施的正常运行和人们出行安全。

## 五、基于海绵城市理念的排水设计应用

### （一）海绵城市渗水设计

#### 1. 透水景观铺装设计

传统城市在建设过程中，主要是对市政公共区域景观、居住区景观进行铺装，且铺装时，大多采用透水性比较差的材料，进一步使得雨水渗透能力变差，如果想要改善这一问题，既可以采用透水铺装设计，也可以最大限度地利用沟

渠、水渠，将雨水引流到周边街道的滞水设备中，有效解决雨水渗透问题。

### 2. 透水道路铺装设计

建设城市时，道路占用的面积在传统城市面积中有很大比例，能够达到10%~25%，修建传统道路时所使用的铺装材料质量不达标，是造成雨水渗透能力弱的主要因素。铺装景观过程中，可以采用透水铺装，一方面有效提高雨水的渗透能力；另一方面用透水混凝土逐步代替居住区、园区的道路、停车场的铺装材料，使得雨水的渗透量逐渐增大，地表径流逐渐减少。同一时间，雨水渗透到地下流进地下储蓄池，完成存储步骤，然后对流入河道和补充地下水的水资源进行净化，使得对水资源的污染程度大大降低。

## （二）海绵城市蓄水设计

### 1. 蓄水模块

雨水的蓄水模块是一种新型产品，具有的承压力非常好，不仅可以对水资源进行存储，占用的空间也不会很多。为了使蓄水能力更好，蓄水模块的设计增加了许多镂空空间，这些镂空空间大约占95%。另外，为了更好地配合蓄水和排水，要与防水布、土工布充分地结合；与此同时，在结构内部，要充分设置好出水管、进水管、检查井、水泵的位置。将这些雨水资源充分储存起来，经过处理，不仅可以用来清洁路面、水景补水、冲刷厕所、浇灌花草，还可以用作消防用水或循环冷却水。

### 2. 地下蓄水池

收集雨水资源的过程中，主要包含以下组成部分：池体、出水井、沉沙井、高位通气帽、低位通气帽、进水水管、出水水管、溢流管、曝气系统。依据选用植物的不同，蓄水层的处理也相应地存在差别。当选择的绿色植物为灌木、乔木等大型植物类时，选择的蓄积材料多为轻质多孔的粗骨料，且粗骨料的粒径要大于或等于 25 mm，蓄水层（包括水、骨料）的深度要大于或等于 60 mm，当选择的绿色植物为绿篱、藤本植物等的小型植物类时，选择的蓄积材料可以为 80 mm厚 15~20 陶粒，内铺穿孔 PVC 管，可以尽量保持土壤层的相对含水量。

（三）海绵城市滞水设计

1. 雨水花园

如果一些园林区可以种植树木、灌木，对雨水的滞留作用会更好。花园的设计，不仅使得地表的径流量降低，还能对地下水源起到涵养作用，利用吸附、降解的功能，减少水循环过程中产生的污染。土壤更好地促进雨水渗入地下，如果城市出现暴雨积水现象，可以起到很好的缓解作用。

2. 生态滞留区设计

所谓的生态滞留区，是指通过浅水的洼地进行水资源的储存或者对雨水径流的方式进行控制。生态滞留区设计，就是利用植草沟、雨水湿地、雨水塘等方式，促进雨水渗入地下。生态滞留区的设计，最大化地利用土壤和植被，改善径流，治理径流，同时实现方式多种多样。

# 第四章
# 给水排水管道施工技术

## 第一节 新型给水排水管材及其连接方式

### 一、新型给水排水管材概述

给水排水管网的现状，在一定程度上代表了国家经济发展的水平，而给水排水管材的优劣，是管网运行状况的重要制约条件。随着生产技术的进步，在有机化学工业的推动下，大批新型给水排水塑料管材及复合材料管材相继出现。从事给水排水工程设计施工、维护管理等岗位的技术人员应及时掌握这些新型管材的性能、类型及管道连接等应用技能。

#### （一）管材的分类

管材分类方法很多，按材质可分为金属管、非金属管和钢衬非金属复合管。非金属管主要有橡胶管、塑料管、石棉水泥管、玻璃钢管等。给水排水管材品种繁多，随着经济高速的发展，新型管材也层出不穷。下面简要介绍给水排水管道常用管材的类别。

**1. 按管道材质分**

（1）金属管

①焊接钢管。钢管按其制造方法分为无缝钢管和焊接钢管两种。焊接钢管，也称有缝钢管，一般由钢板或钢带以对缝或螺旋缝焊接而成。按管材的表面处理形式分为镀锌和不镀锌两种。表面镀锌的发白色，又称为白铁管或镀锌钢管；表面不镀锌的即普通焊接钢管，也称为黑铁管。焊接钢管的连接方法较多，有螺纹

连接、法兰连接和焊接。法兰连接中又分螺纹法兰连接和焊接法兰连接，焊接方法中又分为气焊和电弧焊。

②无缝钢管。无缝钢管在工业管道中用量较大，品种规格很多，基本上可分为流体输送用无缝钢管和带有专用性的无缝钢管两大类，前者是工艺管道常用的钢管，后者如锅炉专用钢管、热交换器专用钢管等。无缝钢管按材质可分为碳素无缝钢管、铬钼无缝钢管和不锈、耐酸无缝钢管等。按公称压力可分为低压（≤1.0 MPa）、中压（1.0~10 MPa）、高压（≥10 MPa）三类。

③铸铁管。铸铁管是由生铁制成的。铸铁管按制造方法不同可分为离心铸管和连续铸管。按所用的材质不同可分为灰口铁管、球墨铸铁管及高硅铁管。铸铁管多用于给水、排水和煤气等管道工程，主要采用承插连接，还有法兰连接、钢制卡套式连接等。

④有色金属管。有色金属管在给水排水中常见的是铜管。铜管在给水方面应用较久，优点较多，管材和管件齐全，接口方式多样，现在较多地应用在室内热水管路中。铜管的连接主要是螺纹连接、焊接连接及法兰连接等方式。

（2）混凝土管

混凝土管包括普通混凝土管、自应力混凝土管、预应力钢筋混凝土管、预应力钢筒混凝土管。自应力混凝土管是我国自行研制成功的，其原理是用自应力水泥在混凝土中产生的膨胀张拉钢筋，使管体呈受压状态，可用于中小口径的给水管道；预应力钢筋混凝土管是人为地在管材内产生预应力状态，用以减小或抵消外荷载所引起的应力以提高其强度的管材，在同直径的条件下，预应力钢筋混凝土管比钢管节省钢材60%~70%，并具有足够的刚度；预应力钢筒混凝土管是在混凝土中加一层薄钢板，具备了混凝土管和钢管的特性，能承受较高压力和耐腐蚀，是大输水量较理想的管道材料。钢筋混凝土管可采用承插式橡胶圈密封接头。

（3）塑料管

塑料管所用的塑料并不是一种纯物质，它是由许多材料配制而成的。其中高分子聚合物（或称合成树脂）是塑料的主要成分，此外，为了改进塑料的性能，还要在聚合物中添加各种辅助材料，如填料、增塑剂、润滑剂、稳定剂、着色剂等，才能成为性能良好的塑料。塑料管材按成型过程分为两大类：热塑性塑料管材和热固性塑料管材。热塑性塑料是在温度升高时变软，温度降低时可恢复原状，并可反复进行，加工时可采用注塑或挤压成型。常见的塑料管均属热塑性塑料管，如硬聚氯乙烯（UPVC）管、聚乙烯（PE）管、交联聚乙烯（PEX）管、聚丙烯（PP）塑料管、ABS塑料管等。热固性塑料是在加热并添加固化剂后进行模压成型，一旦固化成型后就不再具有塑性，如玻璃纤维强热固性树脂夹砂管属于热固性塑料管。

（4）复合管

复合管材有铝塑复合管、钢塑复合管、孔网钢带塑料复合管等。常用的铝塑复合管是由聚乙烯（或交联聚乙烯）热溶胶—铝—热溶胶—聚乙烯（或交联聚乙烯）五层构成，具有良好的力学性能、抗腐蚀性能、耐温性能和卫生性能，是环保的新型管材；钢塑复合管是以普通镀锌钢管为外层，内衬聚乙烯管，经复合而成。钢塑管结合了钢管的强度、刚度及塑料管的耐腐蚀、无污染、内壁光滑、阻力小等优点，具有优越的性价比。

（5）玻璃钢管

玻璃钢又称为玻璃纤维增强塑料，玻璃钢管是由玻璃纤维、不饱和聚酯树脂和石英砂填料组成的新型复合管。管道制造工艺主要有纤维缠绕法和离心浇铸法。连接形式主要有承插、对接、法兰连接等。

（6）石棉水泥管

石棉水泥管是20世纪初首先在欧美开始使用的，其成分构成为15%~20%石棉纤维，48%~51%水泥和32%~34%硅石。石棉是一系列纤维状硅酸盐矿物的总称，这些矿物有着不同的金属含量、纤维直径、柔软性和表面性质。石棉可能是种致癌物质，对人体健康有着严重影响。由于环保和健康问题，尽量避免采用。

**2. 按变形能力分**

（1）刚性管道

刚性管道主要是依靠管体材料强度支撑外力的管道，在外荷载作用下其变形很小，管道的失效由管壁强度控制。如钢筋混凝土、预（自）应力混凝土管道。

（2）柔性管道

在外荷载作用下变形显著的管道，竖向荷载大部分由管道两侧土体所产生的弹性抗力所平衡，管道的失效通常由变形而不是管壁的破坏造成。如塑料管道和柔性接口的球墨铸铁管。

## （二）各种塑料管简介

### 1. 硬聚氯乙烯（UPVC）管

硬聚氯乙烯属热塑性塑料，具有良好的化学稳定性和耐候能力。硬聚氯乙烯管是各种塑料管道中消费量最大的品种，其抗拉、抗弯、抗压缩强度较高，但抗冲击强度相对较低。UPVC 管的连接方式主要采用黏结连接和柔性连接两种。一般来说，口径在 63 mm 以下的多采用黏结连接，更大口径的则更多地采用柔性连接。

UPVC 实壁管主要适用于供水管道以及排水管道。

### 2. 聚乙烯管（PE 管）

PE 管也是一种热塑性塑料，可多次加工成型。聚乙烯本身是一种无毒塑料，具有成型工艺相对简单，连接便利，卫生环保等优点。PE 树脂是由单体乙烯聚合而成，由于在聚合时因压力、温度等聚合反应条件不同，可得出不同密度的树脂，因而有低密度聚乙烯（LDPE）、中密度聚乙烯（mDPE）、高密度聚乙烯（HDPE）管道之分。国际上把聚乙烯管的材料分为 PE32、PE40、PE63、PE80、PE100 五个等级，而用于给水管的材料主要是 PE80 和 PE100。

PE 管的连接通常采用电熔焊连接及热熔连接两种方式。PE 管适用于室内外供水管道，并要求水温不高于 40℃（冷水用管）。PE 原料技术、连接安装工艺的发展极大地促进了 PE 管材在建筑工程中的广泛应用，并在旧管网的修复中起着越来越重要的作用。

### 3. 聚丙烯及共聚物管材

聚丙烯种类包括均聚聚丙烯（PP-H）、嵌段共聚聚丙烯（PP-B）和无规共聚聚丙烯（PP-R）三种。三种材料的性能是不一样的，总体来说，PP-R 材料整体性能要优于前两种，因此市场上用于塑料管道的主要为 PP-R 管。PP-R 无毒、卫生、可回收利用。最高使用温度为 95℃，长期使用温度为 70℃，属耐热、保温节能产品。

PP-R 管及配件之间可采用热熔连接。PP-R 管与金属管件连接时，则采用带金属嵌件的聚丙烯管件作为过渡。

PP-R 管主要适用于建筑物室内冷热水供应系统，也适用于采暖系统。

### 4. 铝塑复合管

铝塑复合管由中间铝管、内外层 PE 以及铝管 PE 之间的热熔胶共挤复合而成。由于结构的特点，铝塑复合管具有良好的金属特性和非金属特性。

铝塑复合管的生产现有两种工艺，分别是搭接式和对接式。搭接式是先做搭焊式纵向铝管，然后在成型的铝管上再做内外层塑料管，一般适用于口径在 32 mm 以下的管道。对接式是先做内层的塑料管，然后在上面做对焊的铝管，最后在外面包上塑料层，适用于口径在 32 mm 以上的管道。

铝塑复合管材连接须采用金属专用连接件，适用于建筑物冷热水供应系统，其中通用型铝塑复合管适用于冷水供应，内外交联聚乙烯铝塑复合管适用于热水供应。

### 5. 中空壁缠绕管

中空壁缠绕管是一种利用 PE 缠绕熔接成型的结构壁管，是一种为节约管壁材料而不采用密实结构的管道。由于本身缠绕成型的结构特点，能够在节约原料的前提下使产品具有良好的物理及力学性能，达到使用的要求。

中空壁缠绕管连接方式有电热熔带连接、管卡连接、热收缩套连接、法兰连接、承插式密封橡件连接。

中空壁缠绕管广泛应用于排水工程大型水利枢纽、市政工程等建设用管以及各类建筑小区的生活排水排污用管。中空壁缠绕管口径可做到 3 m 甚至更大，在市政排水管材应用中具有一定的优势。

### 6. 双壁波纹管

双壁波纹管也属于结构壁管道。原料有 PVC 和 PE 两种可供选择，其生产工艺基本相同，主要应用于各类排水排污工程。

双壁波纹管不但有塑料原料本身的优点，还兼有质轻，综合机械性能高，安装方便等优势。PVC 双壁波纹管和 PE 双壁波纹管都采用承插式连接，即扩口后利用天然橡胶密封圈密封的柔性连接方式。

### 7. 径向加筋管

径向加筋管是结构壁管道的一种，其特点是减薄了管壁厚度，同时还提高了管子承受外压荷载的能力，管外壁上带有径向加强筋，起到了提高管材环向刚度和耐外压强度的作用。此种管材在相同外荷载能力下，比普通管材可节约 30% 左右的材料，主要用于城市排水。连接方式视主材种类和管道型号而定。

### 8. 其他塑料管材

除了上面介绍的几种塑料管材外，目前市场上还有包括交联聚乙烯（PEX）管、氯化聚氯乙烯（CPVC）管、聚丁烯（PB）管和 ABS 管等。这几种管材主要用于输送热水，在此不一一介绍。

## （三）管道管径、压力表示方法

### 1. 管道管径

管道的直径可分为外径、内径、公称直径。无缝钢管可用符号 D 后附加外径的尺寸和壁厚表示，例如外径为 108 的无缝钢管，壁厚为 5 mm，用 D108×5 表示；塑料管也用外径表示，如 De63，表示外径为 63 mm 的管道。

### 2. 管道的公称压力 PN、工作压力和设计压力

公称压力 PN 是与管道系统元件的力学性能和尺寸特性相关，是由字母和数字组合的标志。它由字母 PN 和后跟无因次的数字组成。字母 PN 后跟的数字不代表测量值，不应用于计算目的，除非在有关标准中另有规定。管道元件允许压力取决于元件的 PN 数值材料和设计以及允许工作温度等，允许压力应在相应标准的压力和温度等级表中给出。

工作压力是指给水管道正常工作状态下作用在管内壁的最大持续运行压力，不包括水的波动压力。设计压力是指给水管道系统作用在管内壁上的最大瞬时压力，一般采用工作压力及残余水锤压力之和。一般而言，管道的公称压力≥工作压力；化学管材的设计压力＝1.5×工作压力。管道工作压力由管网水力计算而得出。

城镇埋地给水排水管道，必须保证 50 年以上使用寿命。对城镇埋地给水管道的工作压力，应按长期使用要求达到的最高工作压力，而不能按修建管道时初

期的工作压力考虑。

### （四）埋地排水塑料管的受力性能分析

给水排水塑料管按其使用时承受的负载大体可以分四大类：承受内压的管材管件，如建筑给水用管等；承受外压负载的管材管件，如埋地排水管、埋地的电缆、光缆护套管；基本上不承受内压也不承受外压的管材管件，如建筑内的排水管、雨水管；同时承受内压和外压负载的管材管件，如埋地给水管、埋地燃气管等。

管材管件在承受内压负载时在管壁中产生均匀的拉伸应力，设计时主要考虑的是强度问题（要根据其长期耐蠕变的强度设计）。如果强度不够，管材管件将发生破坏。管材管件在承受外压负载时，在管壁中产生的应力比较复杂，在埋设条件比较好时，由于管土共同作用，管壁内主要承受压应力；在埋设条件比较差时，管壁内产生弯矩，部分内外壁处承受较大的压应力或拉伸应力，设计时主要考虑的是环向刚度问题。如果环向刚度不够，管材管件将产生过大的变形引起连接处泄漏或者产生压塌（管壁部分向内曲折）。

#### 1. 埋地排水管性能要求

埋地排水管的用途是在重力的作用下把污水或雨水等排送到污水处理场或江河湖海中去。从表面上看，塑料埋地排水管在强度和刚度方面不及混凝土排水管。但实际应用中，因为塑料埋地排水管总是和周围土壤共同承受负载的，所以塑料埋地排水管的强度和刚度并不需要达到混凝土排水管（刚性管）那样高。而对其耐温、冲击性能及耐集中载荷能力上要求更高一些。在水力特性方面塑料埋地排水管由于内壁光滑，对于液体流动的阻力明显小于混凝土管。实践证明，在同样的坡度下，采用直径较小的塑料埋地排水管就可以达到要求的流量；在同样的直径下，采用塑料埋地排水管可以减少坡度。

#### 2. 塑料埋地排水管的负载分析

由于塑料埋地排水管是和周围的回填土壤共同承受负载，工程上被称为管-土共同作用，所以塑料埋地排水管根本不必要做到混凝土管的强度和刚度。

（1）埋地条件下排水管的负载分析

地排水管埋在地下，其中液体靠重力流动无内压负载，排水管主要承受外压负载。外压负载分为静载和动载两部分。静载主要是由管道上方的土壤重量造成的。在工程设计中一般简化地认为静载等于管道正上方土壤的重量，即宽等于其直径，长等于其长度，高等于其埋深的那一部分土壤的重量。动载主要是由地面上的运输车辆压过时造成的。须根据车辆的重量和压力在土壤中分布来计算管道承受的负载。

埋地排水管承受的静载和动载都和埋深有关系。埋地愈深，静载愈大；反之埋地愈浅，动载愈小。

埋深 2.4 m 以上的车辆负载可以忽略不计。如果埋深很浅，还要考虑车辆经过时的冲击负载。此外，埋地排水管还可能承受其他的负载。如在地下水位高过管道时承受的地下水水头的外加压力和浮力。

（2）塑料埋地排水管承受负载的机制——柔性管理论

塑料埋地排水管破坏之前可以有较大的变形，即属于柔性管；混凝土排水管破坏之前没有大变形，属于刚性管。刚性管承受外压负载时，负载完全沿管壁传递到底部。在管壁内产生弯矩，在管材的上下两点管壁内侧和管材的左右两点管壁外侧产生拉应力。随着直径加大，管壁内的弯矩和应力急剧加大。大口径的混凝土排水管通常要加钢筋。

柔性管承受外压负载时，先产生横向变形，如果在柔性管周围有适当的回填土壤，回填土壤阻止柔性管的外扩就产生对柔性管的约束压力。外压负载就这样传递和分担到周围的回填土中去了。约束压力在管壁中产生的弯矩和应力恰好和垂直外压负载产生的弯矩和应力相反。在理想情况下，柔性管受到的负载为四周均匀外压。当负载是四周均匀外压时，管材内只有均匀的压应力，没有弯矩和弯矩产生的拉应力。所以，同样外压负载下柔性管内的应力比较小，它是和周围的回填土壤共同在承受负载，即管-土共同作用。

（3）环刚度的实现

埋地排水管等承受外压负载的塑料管必须达到足够的环刚度，怎样达到要求的环刚度又尽量降低材料的消耗是关键。在埋地排水管领域发展结构壁管代替实壁管，就是因为结构壁管可以用较少的材料实现较大的环刚度。如前所述，结构壁管有很多的种类和不同的设计，在选择和设计时，在同样的直径和环刚度下，材料的消耗量常常是决定性的因素，因为塑料管材批量生产的总成本中材料成本常常要占到60%以上。

在决定环刚度的三个因素中，直径是由输送流量确定的；弹性模量是由材质决定的，而管道选材又是由流体性质和价格决定的；惯性矩是由管壁的截面设计决定的。对于结构壁管，在保证管壁的惯性矩的前提下，应尽量降低材料的消耗量。

### （五）室外给水排水管材的选择

管材选用应根据管道输送介质的性质、压力、温度及铺设条件（埋地、水下、架空等），环境介质及管材材质（管材物理力学性能、耐腐蚀性能）等因素确定。对输送高温高压介质的油、气管道，管材的选用余地很少，基本上都用焊接连接的钢管；对输送有腐蚀作用的介质，则应按介质的性质采用符合防腐要求的管材。

对埋地给水管道，可用管材品种较多，一般可按内压与管径来选用，如对小于DN800的管道，可选用UPVC实壁管、PE实壁管、自应力及预应力混凝土管和离心铸造球墨铸铁管；对DN1600以下的管道，可选用预应力混凝土管、预应力钢筒混凝土管、钢管、离心铸造球墨铸铁管、玻璃钢管等，预应力混凝土管不宜用于内压大于0.8 MPa的管道；对大于DN1800的大口径管道，可选用预应力钢筒混凝土管、离心铸造球墨铸铁管、钢管等。

在埋地排水管道方面，以往只有一种混凝土管，现在有各种结构壁管的塑料管。目前，可提供的各种UPVC排水管，包括加筋管、螺旋缠绕和波纹管，最大管径可达DN630。PE双壁波纹管可达DN800，PE缠绕管和钢肋螺旋复合管管径可达DN3000以上。不过，目前大口径PE管比混凝土管价格贵很多，而且大量顶管施工管道还需要用混凝土管，因此，塑料管在近期内不大可能替代大部分大管径混凝土管。玻璃钢管已开始用于埋地排水管道，也已成功地将其用于顶管施工，但由于价格因素，在地质条件好的地区不大可能广泛应用。

对用沉管法施工的水下管道，以往都用钢管。由于HDPE管可用热熔连接成几十米甚至几百米整体管道，也可用浮运沉管法埋设水下管道和用定向钻进行地下牵引的不开槽施工，在给水排水管道上完全可以替代钢管。HDPE管的这种特点，还可将其用于更新城市各种用途的钢管、铸铁管、混凝土管等旧管道，可将

PE 管连续送入旧管道内作为旧管的内衬，由于 PE 管的水力摩阻系数小，不会影响旧管的输送流量，在施工时还不影响管道的流水。

建筑给水排水管道的管径一般不大于 DN200，可用管材品种更多，在此不做论述。

选用管材时，管件与连接是管材选用的一个容易忽视却十分关键的问题。由于管件生产模具多、投资大、周期长，许多企业不愿意或难以配齐管件（尤其是大规格管件）的生产设备，这给建设单位带来很大的不便，即使有其他企业生产的管件，也往往难以匹配。例如柔性接口止水橡胶圈的质量会直接影响到管材、管件连接部位的止水效果，从一些工程的渗漏情况来看，大多为橡胶圈质量较差而引起。另外，对于管道工程中各种管配件及配套的检查井等附属构筑物，最好采用同管道一样的材料。对大口径塑料管件及附属构件，国内还缺乏这方面的专业生产厂家，这对推广应用大口径排水塑料管不利。管材与管件生产不配套是我国新型管材推广应用中的瓶颈问题，一直未能得到很好的解决。

另外，管材是管道工程的主要技术内容，管道工程的综合造价与采用的管材有关，在有多种管材可用时，往往采用较便宜的管材。但目前许多城市对各种新型管材尚未制定工程定额，同样的产品，生产厂提供的价格亦不一致，使工程设计很难编制正确的工程预算，这对正确选用管材和推广应用新型管材也是不利因素。

需要指出的是：一个城市或地区对管材品种的应用要有宏观控制，宜适当规定各类管道工程用的管材的品种，不宜多种管材交叉使用，应出一种新型管就推广用一种。管道工程要养护管理 50 年以上，一个地区用的管材品种太多，对养护检修工作很不利，把管理需要的管材备件和操作工具都备齐，是很难做到的。从国外的情况看，各国都有其传统应用的几种管材，哪个国家也没出现像目前我国这么多管材品种都在推广应用的现象。

## 二、高密度聚乙烯管及其连接方式

### （一）高密度聚乙烯（HDPE）管的性能

#### 1. 高密度聚乙烯（HDPE）管

目前，在给水排水管道系统中，塑料管材逐渐取代了铸铁管和镀锌钢管等传统管材成了主流使用管材。塑料管材和传统管材相比，具有重量轻、耐腐蚀、水流阻力小、节约能源、安装简便迅速、造价较低等显著优势，受到了管道工程界的青睐。同时，随着石油化学工业的飞速发展，塑料制造技术的不断进步，塑料管材产量迅速增长，制品种类更加多样化。而且，塑料管材在设计理论和施工技术等方面取得了很大的发展和完善，并积累了丰富的实践经验，促使塑料管材在给水排水管道工程中占据了相当重要的位置，并形成一种势不可挡的发展趋势。

高密度聚乙烯（HDPE）管由于其优异的性能和相对经济的造价，在欧美等发达国家已经得到了极大的推广和应用。在我国于 20 世纪 80 年代首先研制成功，经过近 20 年的发展和完善，已经由单一的品种发展到完整的产品系列。目前在生产工艺和使用技术上已经十分成熟，在许多大型市政排水工程中得到了广泛的应用。目前国内生产该管材的厂家已达上百家。

### 2. 高密度聚乙烯（HDPE）管的类型

高密度聚乙烯（HDPE）管是一种新型塑料管材，由于管道规格不同，管壁结构也有差别。根据管壁结构的不同，HDPE 管可分为实壁管、双壁波纹管、中空壁缠绕管。给水用 HDPE 管为实壁管，用于温度不超过 40℃，一般用途的压力输水，以及饮用水的输送。HDPE 双壁波纹管和中空壁缠绕管适用于埋地排水系统，双壁波纹管的公称管径不宜大于 1 200 mm，中空壁缠绕管的公称管径不宜大于 2 500 mm。

### 3. 高密度聚乙烯（HDPE）管的特点

同传统管材相比，HDPE 管具有以下一系列优点：

（1）水流阻力小。HDPE 管具有光滑的内表面，其曼宁系数为 0.009。光滑的内表面和非黏附特性保证 HDPE 管具有较传统管材更高的输送能力，同时也降低了管路的压力损失和输水能耗。

（2）低温抗冲击性好。聚乙烯的低温脆化温度极低，可在-60℃ ~40℃温度范围内安全使用。冬季施工时，因材料抗冲击性好，不会发生管子脆裂。

（3）抗应力开裂性好。HDPE 管具有低的缺口敏感性、高的剪切强度和优异的抗剐痕能力，耐环境应力开裂性能也非常突出。

（4）耐化学腐蚀性好。HDPE 管可耐多种化学介质的腐蚀，土壤中存在的化学物质不会对管道造成任何降解作用。聚乙烯是电的绝缘体，因此不会发生腐烂、生锈或电化学腐蚀现象；此外它也不会促进藻类、细菌或真菌生长。

（5）耐老化，使用寿命长。含有2%~2.5%的均匀分布的炭黑的聚乙烯管道能够在室外露天存放或使用50年，不会因遭受紫外线辐射而损害。

（6）耐磨性好。HDPE管与钢管的耐磨性对比试验表明，HDPE管的耐磨性为钢管的4倍。在泥浆输送领域，同钢管相比，HDPE管具有更好的耐磨性，这意味着HDPE管具有更长的使用寿命和更好的经济性。

（7）可挠性好。HDPE管的柔性使得它容易弯曲，工程上可通过改变管道走向的方式绕过障碍物，在许多场合，管道的柔性能够减少管件用量并降低安装费用。

（8）搬运方便。HDPE管比混凝土管道、镀锌管和钢管更轻，它容易搬运和安装，更低的人力和设备需求，意味着工程的安装费用大大降低。

（9）多种全新的施工方式。HDPE管具有多种施工技术，除了可以采用传统开挖方式进行施工外，还可以采用多种全新的非开挖技术如顶管、定向钻孔、衬管、裂管等方式进行施工，并可用于旧管道的修复。因此，HDPE管应用领域非常广泛。

（10）易于回收利用。

## （二）高密度聚乙烯管的连接技术

### 1. 连接形式

HDPE管的连接方法主要有热熔对接焊、热熔承插焊、电熔焊和机械连接等。对于埋地排水HDPE管，承插式橡胶圈柔性接口也是常用的接口形式之一。

聚乙烯化学稳定性好，因此HDPE管不能采用溶解性黏合剂与管件连接，它的最佳连接方式是熔焊连接。

聚乙烯管道焊接原理：聚乙烯一般在190~240℃被熔化（不同原料牌号的熔化温度一般不相同），此时若将管材（或管件）熔化的部分充分接触，并施加适当的压力，冷却后便可牢固地融为一体。由于是聚乙烯材料之间的本体熔接，因此接头处的强度与管材本身的强度相同。

（1）热熔连接

热熔连接具有性能稳定、质量可靠、操作简便、焊接成本低的优点，但需要专用设备。热熔连接方式有承插式和对接式。热熔承插连接主要用于室内小管径，设备为热熔焊机；而热熔对接适用于直径大于 90 mm 的管道连接，利用热熔对接焊机焊接，首先加热塑料管道（管件）端面，使被加热的两端面熔化，然后迅速将其贴合，在保持一定压力下冷却，从而达到焊接的目的。热熔对接一般都在地面上连接。如在管沟内连接，其连接方法同地面上管道的热熔连接方式相同，但必须保证所连接的管道在连接前冷却到土壤的环境温度。

热熔连接时，应使用同一生产厂家的管材和管件，如确须将不同厂家（品牌）的管材、管件连接，则应经试验证明其可靠性之后方准使用。

热熔对接机的设备形式多种多样，用户根据焊接管材的规格及能力选用。控制方式分为手动、半自动、全自动三种。

（2）电熔焊

电熔焊是通过对预埋于电熔管件内表面的电热丝通电而使其加热，从而使管件的内表面及管道的外表面分别被熔化，冷却到要求的时间后而达到焊接的目的。电熔焊的焊接过程由准备阶段、定位阶段、焊接阶段、保持阶段四个阶段组成。

（3）机械连接

在塑料管道施工中，经常见到塑料管道与金属管道的连接及不同材质的塑料管道间的相互连接，这时都须使用过渡接口，采用机械连接。主要方式有：钢塑过渡接头连接、承插式缩紧型连接、承插式非缩紧型连接、法兰连接。

承插式缩紧型连接和承插式非缩紧型连接施工中，承口内嵌有密封的橡胶圈，材料为三元乙丙或丁苯橡胶，施工连接时，要准确测量承口深度和胶圈后部到承口根部的有效插入长度。

施工时，将橡胶圈正确安装在承口的橡胶圈沟槽区中，不得装反或扭曲，为了安装方便可先用水浸湿胶圈，但不得在橡胶圈上涂润滑剂安装，防止在接口安装时将橡胶圈推出。

承插式橡胶圈接口不宜在-10℃以下施工，管口各部尺寸、公差应符合国家标准的规定，管身不得有划伤，橡胶密封圈应采用模压成型或挤出成型的圆形或异形截面，应由管材厂家提供配套供应。

（4）承插式橡胶圈柔性接口

承插式橡胶圈柔性接口适用于管外径不小于 63 mm 的管道连接。但承插式橡胶圈接口不宜在-10℃以下施工，橡胶密封圈应采用模压成型或挤出成型的圆形或异形截面，应由管材提供厂家配套供应。接口安装时，应预留接口伸缩量，伸缩量的大小应按施工时的闭合温差经计算确定。

### 2. HDPE 管连接工序

（1）热熔承插连接工序

热熔承插连接时，公称外径大于或等于 63 mm 的管道不得采用手工热熔承插连接而应采用机械装置的热熔承插连接。具体程序如下：

①用管剪根据安装需要将管材剪断，清理管端，使用清洁棉布擦净加热面上的污物。

②在管材待承插深度处标记号。

③将热熔机模头加温至规定温度。

④同时加热管材、管件，然后承插（承插到位后待片刻松手，在加热、承插、冷却过程中禁止扭动）。

⑤自然冷却。

⑥连接后应及时检查接头外观质量。

⑦施工完毕经试压，验收合格后投入使用。

（2）热熔对接焊连接工序

①清理管端，使用清洁棉布擦净加热面上的污物。

②将管子夹紧在熔焊设备上，使用双面修整机具修整两个焊接接头端面。

③取出修整机具，通过推进器使两管端相接触，检查两端面的一致性，严格保证管端正确对中。

④在两端面之间插入 210℃的加热板，以指定压力推进管子，将管端压紧在加热板上，在两管端周围形成一致的熔化束（环状凸起）。

⑤一旦完成加热，迅速移出加热板，避免加热板与管子熔化端摩擦。

⑥以指定的连接压力将两管端推进至结合，形成一个双翻边的熔化束（两侧翻边、内外翻边的环状凸起），熔焊接头冷却至少 30 min。

⑦连接后应及时检查接头外观质量。

⑧施工完毕经试压，验收合格后投入使用。

需要注意的是，加热板的温度都由焊机自动控制在预先设定的范围内。但如果控制设施失控，加热板温度过高，会造成熔化端面的 PE 材料失去活性，相互间不能熔合。良好焊接的管子焊缝能承受十几磅大锤的数次冲击而不破裂，而加热过度的焊缝一拗即断。

（3）电熔焊接头连接工序

①清理管子接头内外表面及端面，清理长度要大于插入管件的长度。管端要切削平整，最好使用专用非金属管道割刀处理。

②管子接头外表面（熔合面）要用专用工具刨掉薄薄的一层，保证接头外表面的老化层和污染层彻底被除去。专用刨刀的刀刃呈锯齿状，处理后的管接头表面会形成细丝螺纹状的环向刻痕。

③如果管子接头刨削后不能立即焊接，应使用塑料薄膜将之密封包装，以防二次污染。在焊接前应使用厂家提供的清洁纸巾对管接头外表面进行擦拭。如果处理后的接头被长时间放置，建议在正式连接时重新制作接头。考虑到刨削使管壁减薄，重新制作接头时最好将原刨削过的接头切除。

④管件一般密封在塑料袋内，应在使用前再开封。管件内表面在拆封后使用前也应使用同样的清洁纸巾擦拭。

⑤将处理好的两个管接头插入管件，并用管道卡具固定焊接接头以防止对中偏心或震动破坏焊接熔合。每个接头的插入深度为管件承口到内部突台的长度（或管箍长度的一半）。接头与突台之间（或两个接头之间）要留出 5~10 mm 间隙，以避免焊接加热时管接头膨胀伸长互相顶推，破坏熔合面的结合。在每个接头上做出插入深度标记。

⑥将焊接设备连到管件的电极上，启动焊接设备，输入焊接加热时间。开始焊接至焊机设定时间停止加热。通电加热的电压和加热时间等参数按电熔连接机具和电熔管件生产企业的规定进行。

⑦焊接接头开始冷却。此期间严禁移动、震动管子或在连接件上施加外力。实际上因 PE 材料的热传导率不高，加热过程结束后再过几分钟管箍外表面温度才达到最高，须注意避免烫伤。

⑧连接后应及时检查接头外观质量。

⑨施工完毕经试压，验收合格后投入使用。

（4）橡胶圈柔性接口连接工序

①先将承口内的内工作面和插口外工作面用棉纱清理干净。

②将橡胶圈嵌入承口槽内。

③用毛刷将润滑剂均匀地涂在装嵌在承口处的橡胶圈和管插口端的外表面上，但不得将润滑剂涂到承口的橡胶圈沟槽内；不得采用黄油或其他油类做润滑剂。

④将连接管道的插口对准承口，保持插入管段的平直，用手动葫芦或其他拉力机械将管一次插入至标线。若插入的阻力过大，切勿强行插入，以防橡胶圈扭曲。

⑤用塞尺顺承插口间歇插入，沿管周围检查橡胶圈的安装是否正常。

（5）注意事项

①操作人员上岗前，应经过专门培训，经考试和技术评定合格后，方可上岗操作。

②管道连接前应对管材、管件进行外观检查，符合产品标准要求方可使用。

③在寒冷气候（-5℃以下）和大风环境下进行连接操作时，应采取保护措施或调整施工工艺参数。

④不同SDR系列的聚乙烯管材不得采用热熔对接连接；聚乙烯给水管道与金属管道或金属管道附件的连接，应采用法兰或钢塑过渡接头连接。

⑤聚乙烯管材、管件不得采用螺纹连接和黏结。

⑥管道连接时，管材切割应采用专用割刀或切管工具，切割断面应平整、光滑、无毛刺，且应垂直于管轴线。

⑦热熔对接连接时，如果电压过高，会造成加热板温度过高，电压过低，则对接机不能正常工作；对接时应保持对接口对齐，不然会造成对接面积不够要求、焊口强度不够，以及卷边不对整；加热板加热时管材接口处未处理干净，或加热板有油污、泥沙等杂质，会造成对接口脱开漏水；加热时间要控制好，加热时间短，管材吸热时间不够，会造成焊口卷边过小，而加热时间过长，会造成焊口卷边过大，有可能形成虚焊。

⑧每次连接完成后，应进行外观质量检验，不符合要求的必须切开返工，返工后重新进行接头外观质量检查。

## 三、玻璃钢夹砂管及其连接方式

### （一）玻璃钢夹砂管的性能

#### 1. 玻璃钢夹砂管

随着合成树脂和玻璃纤维工业的发展，20世纪40年代后期，世界上一些工业发达国家在需要控制腐蚀的工程中，开始使用由合成树脂和玻璃纤维复合制成的玻璃钢管（FRP管）。随着生产原料、工艺技术和成型设备的改进和提高，20世纪70年代，FRP管开始了工业化生产，在美国、日本、德国、意大利等国FRP管迅速进入大规模生产和使用阶段。70年代以后，新型的玻璃钢夹砂管（又称玻璃纤维增强塑料夹砂管，FRPM管）成功开发并投入使用，到20世纪90年代中期，美国已安装了16万km的FRPM管线。我国在20世纪80年代开始引进FRP管生产线，90年代开始引进FRPM管生产线。目前已有多个厂家应用引进的或国产的设备生产FRPM管和FRP管。直径2 000 mm以下的FRPM管应用较多，更大口径的FRPM管也已在一些输水、供水工程中应用。

玻璃钢夹砂管是以玻璃纤维及其制品为增强材料，以环氧树脂等为基体材料，以石英砂及碳酸钙等无机非金属颗粒材料为填料而制成的新型复合材料管道。适用于地下和地面给水排水、水利、农田灌溉等管道工程，介质最高温度不超过80℃，正常使用寿命为50年。

玻璃钢夹砂管道管壁结构由内衬层、内部缠绕层、夹砂层、外部缠绕层和外表面保护层组成。内衬层具有良好的防渗漏性能和光滑的内表面，具有优越的水力特性。内缠绕层和外缠绕层采用高张力的环向缠绕，具有很高的强度，和处于两者中间的夹砂层一起增加了结构的刚度，克服了纯玻璃钢管道刚度低的特点。夹砂层所处区域应力小，密度大和平整度高，完全符合先进的结构要求，且可大大降低产品的成本。外保护层是树脂层，具有良好的抗老化特性。采用往复式交叉缠绕工艺，整个缠绕过程由微机控制，缠绕精确，自动化程度高。它采用双"O"形密封圈承插连接技术。在安装过程中，仅对接头处进行试压即可，接头密封性可靠程度高。

FRPM 管的生产工艺有三种：定长缠绕工艺、离心浇铸工艺、连续缠绕工艺。定长缠绕成型工艺是在长度一定的管模上，采用缠绕工艺在整个管模长度内由内至外逐层制造 FRPM 管的一种生产方法；离心浇铸成型工艺是把玻璃纤维、树脂石英砂等按一定要求浇铸到旋转着的模具内，加热固化后形成 FRPM 管产品的一种生产方法；连续缠绕成型工艺是采用缠绕工艺逐段制造 FRPM 管段，由此形成任意长度产品的一种生产方法。

### 2. 玻璃钢夹砂管的特点

玻璃钢夹砂管以其耐腐蚀性能好、水力性特点、轻质高强、输送流量大、安装方便、工期短和综合投资低等优点，成为化工工业及给水排水工程的最佳选择。它具有金属管材无法比拟的优越性，主要体现在以下方面：

（1）耐腐蚀性能。FRPM 管选用耐腐蚀极强的树脂，拥有极佳的机械性质与加工特性，耐大部分酸、碱、海水和污水，腐蚀性土壤或地下水及众多化学物质的侵蚀。

（2）温度适应性能。在-30℃状态下，仍具有良好的韧性和极高的强度，可在-20~80℃的范围内长期使用，采用特殊配方的树脂还可在 110℃时使用。

（3）耐磨性能。试验证明，把含有大量泥浆沙石的水，装入管子中进行旋转磨损影响对比试验。经 30 万次旋转后，检测管子内壁的磨损深度，发现经表面硬化处理的钢管为 0.48 mm；玻璃钢管为 0.21 mm。由此可见玻璃钢管的耐磨损性能好。

（4）保温性能。由于玻璃钢产品的导热系数低，因此其保温性能特别好。

（5）比重和强度特性。采用玻璃纤维缠绕生产的玻璃钢夹砂管，其比重为 1.65~2.0，只有钢的 1/4，而玻璃钢夹砂管的环向拉伸强度为 180~300 MPa，轴向拉伸强度为 60~150 MPa，近似合金钢。对于相同管径的重量，FRPM 管为碳素钢管的 1/2.5，铸铁管的 1/3.5，预应力钢筋水泥管的 1/8 左右。FRPM 管比强度大约是钢管的 3 倍，球墨铸铁管的 10 倍，混凝土管的 25 倍。

（6）接口和安装效率。管道的长度一般为 6~12 m/根（也可以根据客户的要求生产出特殊长度的管道）。单根管道长，接口数量少，从而加快了安装速度，减少故障概率，提高整条管线的安装质量。

（7）机械性能和绝缘性能。管道的拉伸强度低于钢管，高于球墨铸铁管和混凝土管，而此强度大约是钢管的 3 倍，球墨铸铁管的 10 倍，混凝土管的 25 倍，导热系数只有钢管的 1%。

（8）水力学性能。玻璃钢夹砂管具有光滑的内表面，磨阻系数小，水力流体特性好，而且管径越大其优势越明显。在管道输送流量相同的情况下，工程上可以采用内径较小的玻璃钢夹砂管代替，从而可降低一次性的工程投入。玻璃钢夹砂管道在输水过程中与其他的管道相比，可以大大减少压头损失，节省泵的功率和能源。

（9）使用寿命和安全性。玻璃钢夹砂管设计安全系数较高。据实验室的模拟试验，一般给水、排水玻璃钢夹砂管的寿命可达 50 年以上，是钢管和混凝土管的 2 倍。对于腐蚀性较强的介质，其使用寿命远高于钢管等。

（10）设计适应性。玻璃钢夹砂管道可以根据用户的各种特殊的使用要求，通过改变设计，制造出各种规格、压力等级、环刚度等级或其他特殊性能的产品，适用范围广。

（11）运行维护费用。由于玻璃钢产品本身具有很好的耐腐蚀性，不需要进行防锈、防腐、保温等措施和检修，对埋地管无须做阴极保护，可节约大量维护费用。

（12）工程综合效益。综合效益是指由建设投资、安装维修费用、使用寿命、节能节钢等多种因素形成的长期效益，玻璃钢管道的综合效益是可取的，特别是管径越大，其成本越低。

## （二）玻璃钢夹砂（FRPM）管的连接

### 1. 玻璃钢夹砂（FRPM）管的连接形式

玻璃钢夹砂管管道连接形式主要有承插、黏结、法兰连接三种形式。

承插连接是 FRPM 管的主要连接形式之一，目前多用双"O"形密封圈柔性连接，即采用两道密封圈接口。承口端有试压嘴，安装时一定要使试压嘴向上并处于两胶圈之间，每个接口可以边安装边试压，试验压力由设计确定，试压用水量很少，持续时间一般为 3~5 min，以不渗漏为合格，保证每一个密封圈的密封效果以确保整个管道系统整体试压成功。双"O"形密封圈连接可以承受一定的地基沉降变化，这是最突出的特点。

黏结属于刚性接口，既可用于地面管道的安装，也可用于地下管线个别短管的连接，若在多点施工时可以满足后期管道连接的要求，有些资料称这种连接为平端糊口，是用环氧树脂和玻璃纤维布贴糊，具体操作方法是：首先在管道连接部分的表面刷一层环氧树脂后再贴一层玻璃纤维布接口，平糊长度一般为 500 mm 左右，通常贴糊层数以 5~6 层较为牢固，每一层贴糊厚度不宜过大，要待前一层初凝后再贴下一层。

法兰连接系刚性连接，主要用于玻璃钢管与铸铁管、阀门等配件的连接，常采用按玻璃钢管承口和插口尺寸设计、加工成特殊钢制承口和插口进行连接。

### 2. 玻璃钢夹砂（FRPM）管的承插连接工序

（1）管道吊装前对要安装的管道和橡胶圈进行最后的一次检验。清理掉承口内表面插口外表面和橡胶圈上的沙、土等杂物；在管道基础顶面放出管道轴线和安装位置控制线；在插口上做好安装限位标志，以便在安装过程中检查连接是否到位；在管子和钢丝绳之间垫木板、橡胶板等柔性材料，以防损坏玻璃钢夹砂管；收紧倒链置于两管顶部，在倒链收紧时，倒链与管之间垫上木板对管道进行保护。

（2）涂抹润滑剂。为了便于管道安装，用润滑剂涂抹橡胶圈和承口的扩张部分。润滑剂不得含有有毒成分；应具有良好的润滑性质，不影响橡胶圈的使用寿命；应对管道输送介质无污染；且现场易涂抹。可以用皂液做润滑剂，不得用食用油做润滑剂。

（3）橡胶圈安装。将橡胶圈套入插口上的凹槽内沿橡胶圈四周依次向外适当用力拉离凹槽并慢慢放回凹槽，以保证橡胶圈在凹槽内受力均匀，没有扭曲。最后再在橡胶圈表面涂上一层润滑剂。

（4）安装过程。钢丝绳捆绑方法：两根管子各用一根钢丝绳捆绑紧后，用倒链拉紧两根钢丝绳，进行承插连接。两根管子的钢丝绳捆绑位置为前一根管子的钢丝绳绑在承口凸起的斜坡下部，拉力点在管子正上方，钢丝绳末端与倒链拉紧；后根管子的钢丝绳绑在靠近其承口位置的 1/3 处，同样用一根钢丝绳绑紧后，拉力点在管子正上方，钢丝绳末端与倒链拉紧。

承插连接时，管子插入时要平行沟槽吊起，以使插口橡胶圈准确地对入承口内，吊起时稍离槽底即可。安装时，拉紧倒链的速度应缓慢，并随时检查橡胶圈滚入是否均匀，如不均匀，可用木錾子调整均匀后，再继续拉紧倒链，使橡胶圈均匀进入承口内。

（5）对承插接口进行检查。橡胶圈的压缩率占其直径的 40%。管口承插完毕后，用厚 1.0 mm、宽 20 mm、长 200 mm 的钢片插入承插口之间检查橡胶圈的各环向位置，以确定橡胶圈是否处于同一深度。检查点沿管周长 100 mm 检查一点。用刻度尺检查管道间隙是否匀称，不匀称率不大于 20%。

# 第二节　给水排水管道开槽施工

## 一、测量放线

沟槽的测量控制工作是保证管道施工质量的先决条件。管道工程开工前，应进行以下测量工作：

1. 核对水准点，建立临时水准点。

2. 核对接入原有管道或河道的高程。

3. 测设管道中心线、开挖沟槽边线、坡度线及附属构筑物的位置。

4. 堆土堆料界限及其他临时用地范围。

在施工单位与设计单位进行交接后，施工人员按设计图纸及施工方案的要求，用全站仪等测量仪器测定管道的中线桩（中心线）、高程水准点。给水管道一般每隔 20 m 设中心桩，排水管道一般每隔 10 m 设中心桩，但在阀门井、管道分支处、检查井等附属构筑物处均应设中心桩。管道中心线测定后，在中心线两侧各量 1/2 沟槽上口宽度，拉线撒白灰，定出管沟开挖边线。测定管道中线桩并放出沟槽开挖边线的过程叫测量放线。

## 二、沟槽开挖与地基处理

### （一）沟槽断面

#### 1. 沟槽断面形式

开槽断面形式依据管径大小、材质、埋深、土壤的性质、埋设的深度来选定。常用的沟槽断面形式有直槽、梯形槽、混合槽及联合槽等。

直槽：槽帮边坡基本为直坡（边坡小于 0.05 的开挖断面），直槽一般用于工期短，深度较浅的小管径工程，或地下水位低于槽底，直槽深度不超过 1.5 m 的情况。如在无地下水的天然湿度的土中开挖沟槽，可按直槽开挖。在城区，为减少开挖面积大多采用直槽断面形式；如深度超过最大挖深，则必须采用支护形式，以保证施工安全。

梯形槽（大开槽）：槽帮具有一定坡度的开挖断面，可不设支撑，应用较广泛。

混合槽：由直槽与梯形槽组合而成的多层开挖断面，适合较深的沟槽开挖。

联合槽：一般用于平行铺设雨水和污水管道，即两条管道同沟槽施工。

**2. 接口工作坑尺寸**

接口工作坑是在接口处加深加宽，以供管道接口所用。接口工作坑应在沟内测量，确定其位置后，下管前挖好。

## （二）沟槽开挖

沟槽土方开挖方法有人工开挖和机械开挖两种。如采用机械开挖，在接近槽底时，一定要采用人工开挖清底，以免造成超挖现象。

**1. 人工开挖**

沟槽在 3 m 以内，可直接采用人工开挖。超过 3 m 应分层开挖，每层深度不宜超过 2 m。人工开挖多层沟槽的层间留台宽度：放坡开槽时不应小于 0.8 m，直槽时不应小于 0.5 m，安装井点设备时不应小于 1.5 m。

**2. 机械开挖**

分层开挖时，沟槽分层的深度按机械性能确定。在机械开挖中常用单斗挖掘机和多斗挖土机。

液压挖掘装载机能完成挖掘、装载、起重、推土、回填、垫平等工作。常用于中小型管道沟槽的开挖，可边挖槽边安装管道。适用于一般大型机械不能适应的管沟施工现场。

## (三) 沟槽支撑

沟槽支撑是防止槽帮土壁坍塌的一种临时性挡土结构。一般情况下,沟槽土质较差、深度较大而又挖成直槽时,或高地下水位、砂性土质并采用表面排水措施时,均应设支撑。目的是防止施工中土壁坍塌,创造安全的施工条件。

### 1. 支撑形式

支撑一般有横撑、竖撑、板桩撑三种。其中,横撑和竖撑又统称为撑板支撑。支撑材料一般有木材或钢材两种。

(1) 横撑。一般用于土质较好,地下水量较小的沟槽。由撑板、立柱(立楞)和横撑(撑杠)组成,有疏撑和密撑之分。

(2) 竖撑。一般用于土质较差,地下水较多的沟槽。由撑板、横梁(横木)和横撑(撑杠)组成。竖撑的撑板可在开挖沟槽过程中先于挖土插入土中,在回填以后再拔出,所以支撑和拆撑都较安全。也有疏撑和密撑之分。

(3) 板桩撑。俗称板桩,常用于地下水严重、有流沙的弱饱和土层中的沟槽。板桩在沟槽开挖前用打桩机打入土中,并深入槽底一定长度,可以保证沟槽开挖的安全,还可以有效地防止流沙渗入。有企口板桩和钢板桩两种,其中以钢板桩使用较多。

### 2. 钢板桩的支设

钢板桩材料一般采用槽钢、工字钢或定型钢板桩,槽钢长度一般为 6~12 m,定型板(拉伸板桩)长度一般为 10~20 m。钢板桩的平面布置形式有间隔排列、无间隔排列、咬合排列。

钢板桩的入土深度应根据沟槽开挖深度、土层性质等因素确定,入土深度除应保证板桩自身的稳定外,还应确保沟槽或基坑不会出现隆起或管涌现象。

## (四) 沟槽降排水

沟槽施工时,常会遇到地下水、雨水及其他地表水,如果没有一个可靠的排水措施,让这些水流入沟槽时,将会引起基底湿软、隆起、滑坡、流沙、管涌等事件。

雨水及其他地表水的排除方法，一般是在沟槽的周围筑堤截水，并采用地面坡度设置沟渠，把地面水疏导他处。

地下水的排除一般有明沟排水和人工降低地下水位两种方法。

选择施工排水的方法时，应根据土层的渗透能力、降水深度、设备状况及工程特点等因素，经周密考虑后确定。

### 1. 明沟排水

明沟排水由排水井和排水沟组成。在开挖沟槽之前先挖好排水井，然后在开挖沟槽至地下水面时挖出排水沟，沟槽内的地下水先流入排水沟，再汇集到排水井内，最后用水泵将水排至地面排水系统。

（1）排水井

排水井宜布置在沟槽以外，距沟槽底边 1.0~2.0 m，每座井的间距与含水层的渗透系数、出水量的大小有关，一般间距不宜大于 150 m。当作业面不大或在沟槽外设排水井有困难时，可在沟槽内设置排水井。

排水井井底应低于沟槽底 1.5~2.0 m，保持有效水深 1.0~1.5 m，并使排水井水位低于排水沟内水位 0.3~0.5 m 为宜。

排水井应在开挖沟槽之前先施工。排水井井壁可用木板密撑、直径 600~1250 mm 的钢筋混凝土管、钢材等支护。一般带水作业，挖至设置深度时，井底应用木盘或填卵石封底，防止井底涌砂，造成排水井四周坍塌。

（2）排水沟

当沟槽开挖接近地下水位时，视槽底宽度和土质情况，在槽底中心或两侧挖出排水沟，使水流向排水井。排水沟断面尺寸一般为 30 cm×30 cm。排水沟底低于槽底 30 cm，以 3%~5%坡度坡向排水井。

排水沟结构依据土质和工期长短，可选用放置缸瓦管填卵石或者用木板支撑等形式，以保证排水畅通。

排水井明沟排水法，施工简单，所需设备较少，是目前工程中常用的一种施工排水方法。

### 2. 人工降低地下水位

在非岩性的含水层内钻井抽水，井周围的水位就会下降，并形成倒伞状漏斗，如果将地下水降低至槽底以下（不应小于 0.5 m），即可干槽开挖。这种降水方法称为人工降低地下水位法。

人工降低地下水位的方法有轻型井点、喷射井点、电渗井点、深井井点等，选用时应根据地下水的渗透性能、地下水水位、土质及所须降低的地下水位深度等情况确定。

其中，轻型井点降水系统具有机具设备简单，使用灵活，装拆方便，降水效果好，降水费用较低等优点，是目前沟槽工程施工中使用较广泛的降水系统，现已有定型的成套设备。

（1）轻型井点系统的组成

轻型井点系统由滤水管、井点管、弯联管、总管、抽水设备等组成。

滤水管为进水设备，通常采用长 1.0~1.5 m、直径 38 mm 或 55 mm 的无缝钢管，管壁钻有直径为 12~18 mm 的呈梅花形排列的滤孔，骨架管外面包有滤网和保护网，滤管下端为一铸铁塞头。滤管上端与井点管连接。

井点管为直径 38 mm 或 51 mm、长 5~7 m 的钢管，可整根或分节组成。井点管的上端用弯联管与总管相连。

弯联管为连接井点管和集水总管的管道，弯联管通常采用软管，如加固橡胶管或透明的聚乙烯塑料管，以使井管与总管沉陷时有伸缩余地，连接头一定要紧固密封，不得漏气。集水总管为直径 100~127 mm 的无缝钢管，每段长 4 m，其上装有与井点管连接的短接头，间距为 0.8~1.6 m。总管与总管之间采用法兰连接。

抽水设备：轻型井点抽水设备有自引式、真空式和射流式三种，自引式抽水设备是用离心泵直接连接总管抽水，其地下水位降深仅为 2~4 m，适宜于降水深度较小的情况采用。

真空式抽水设备是用真空泵和离心泵联合工作。真空式抽水设备的地下水位降落深度为 5.5~6.5 m。

射流式抽水装置具有体积小、设备组成简单、使用方便、工作安全可靠、地下水位降落深度较大等特点。因此，被广泛采用。

（2）井点系统布置及要求

井点系统的布置，应根据基坑大小与深度、土质、地下水位高低与流向、降水深度要求等而定。有平面布置和高程布置。

井点管的平面布置有单排、双排和环形三种布置方式。其中，单排和双排的布置形式一般用于沟槽降水，环形布置形式一般用于基坑降水。

采用单排或双排降水井点，应根据计算确定，沟槽两端井点延伸长度为沟槽宽度的 1~2 倍。也可根据各地方的经验来确定，如上海规定：当横列板沟槽宽度小于 4 m 或钢板桩槽宽小于 3.5 m 时，可用单排线状井点，布置在地下水流的上游一侧；当横列板沟槽宽大于或等于 4 m 或钢板桩槽宽大于或等于 3.5 m 时，则用双排线状井点，在地下水补给方向可加密，在地下水排泄方向可减少。面积较大的基坑宜用环状井点，有时亦可布置成 U 形，以利挖土机和运土车辆出入基坑。

井点管距离沟槽（或基坑）壁一般可取 0.7~1.2 m，以防局部发生漏气。井点管间距一般为 0.8 m、1.2 m、1.6 m，由计算或经验确定。

（3）井点系统施工、运转和拆除

轻型井点系统施工内容包括冲沉井点管、安装总管和抽水设备等。其中冲沉井点管有冲孔、埋管、填砂和黏土封口四个步骤。

（4）井点管的冲沉方法

可根据施工条件及土层情况选用不同方法，当土质较松软时，宜采用高压水冲孔后，沉设井点管；当土质比较坚硬时，采用回转钻或冲击钻冲孔沉设井点管。

井点系统全部安装完毕后，须进行试抽，以检查系统运行是否有良好的降水效果。试抽应在井点系统排除清水后才能停止。井点管施工应注意如下事项：

①井点管、滤水管及总管弯联管均应逐根检查，管内不得有污垢、泥沙等杂物。

②过滤管孔应畅通，滤网应完好，绑扎牢固，下端装有丝堵时应拧紧。

③每组井点系统安装完成后，应进行试抽水，并对所有接头逐个进行检查，如发现漏气现象，应认真处理，使真空度符合要求。

④选择好滤料级配，严格回填，保证有较好的反滤层。

⑤井点管长度偏差不应超过 ±100 m，井点管安装高程的偏差也不应超过 ±100 mm。

井点系统使用过程中，应经常检查各井点出水是否澄清，滤网是否堵塞造成死井现象，并随时做好降水记录。

井点降水符合施工要求后方可开挖沟槽。应采取必要的措施，防止停电或机械故障导致泡槽等事故。待沟槽回填土夯实至原来的地下水位以上不小于 50 cm时，方可停止排水工作。在降水范围内若有建筑物、构筑物，应事先做好观测工作，并采取有效的保护措施，以免因基础沉降过大影响建筑物或构筑物的安全。

## （五）地基处理

地基指沟槽底的土壤部分，常用的有天然地基和人工地基。当天然地基的强度不能满足设计要求时，应按设计要求进行加固；当槽底局部超挖或发生扰动时，应进行基底处理。

### 1. 地基加固方法

地基的加固方法较多，管道地基的常用加固方法有换土、压实、挤密桩等。

（1）换土加固法

换土加固法有挖除换填和强制挤出换填两种方式。挖除换填是将基础底面下一定深度的弱承载土挖去换为低压缩性的散体材料，如素土、灰土、砂、碎石、块石等；强制挤出换填是不挖除原弱土层，而借换填土的自重下沉将弱土挤出。

（2）压实加固法

压实加固法就是用机械的方法，使土空隙率减少，密度提高。压实加固是各种加固法中最简单、成本最低的方法。管道地基的压实方法主要是夯实法。

（3）挤密桩加固法

挤密桩加固法是在承压土层内，打设很多桩或桩孔，在桩孔内灌入砂，成为砂桩，以挤密土层，减少空隙体积，增加土体强度。当沟槽开挖遇到粉砂、细砂、亚砂土及薄层砂质黏土、下卧透水层，由于排水不畅发生扰动，深度在1.8~2.0 m 时，可采用砂桩法挤密排水来提高承载力。

### 2. 基底处理规定

（1）超挖深度不超过 150 mm 时，可用挖槽原土回填夯实，其压实度不应低于原地基土的密实度。

（2）槽底地基土壤含水量较大，不适于压实时，应采取换填等有效措施。

（3）排水不良造成地基土扰动时，扰动深度在 100 mm 以内，宜填天然级配砂石或砂砾处理。扰动深度在 300 mm 以内，但下部坚硬时，宜换填卵石或块石，并用砾石填充空隙并找平表面。

（4）设计要求换填时，应按要求清槽，并经检查合格；回填材料应符合设计要求或有关规定。

（5）柔性管道地基处理宜采用砂桩、搅拌桩等复合地基。

## 三、管道基础

管道基础是指管子或支撑结构与地基之间经人工处理过的或专门建造的构筑物，其作用是将管道较为集中的荷载均匀分布，以减少对地基单位面积的压力，或由于土的特殊性质的需要，为使管道安全稳定运行而采取的一种技术措施。

一个完整的管道基础应由两部分组成，即管座和基础。设置管座的目的在于使基础和管子连成一个整体，以减少对地基的压力和对管子的反力。管座包围管道形成的中心角越大，则基础所受的单位面积的压力和地基对管子作用的单位面积的反力越小。而基础下方的地基，则承受管子和基础的重量、管内水的重量、管上部土的荷载及地面荷载。

室外给水排水管道基础常用的有原状土壤基础、砂石基础和混凝土基础三种。基础形式主要由设计人员根据地质情况、管材及管道接口形式等因素进行选定或设计。作为施工人员要严格按设计要求和施工规范进行施工。

### （一）原状土壤基础

当土壤耐压较高和地下水位在槽底以下时，可直接用原土做基础。排水管道一般挖成弧形槽，称为弧形素土基础，但原状土地基不得超挖或扰动。如局部超挖或扰动，应根据有关规定进行处理；岩石地基局部超挖时，应将基底碎渣全部清理，回填低强度等级混凝土或粒径 10~15 mm 的砂石夯实。非永冻土地区，管道不得铺设在冻结的地基上；管道安装过程中，应防止地基冻胀。

### （二）砂石基础

砂石基础一般适用于原状地基为岩石（或坚硬土层）或采用橡胶圈柔性接口

的管道。原状地基为岩石或坚硬土层时，管道下方应铺设砂垫层做基础。

柔性管道的基础结构设计无要求时，宜铺设厚度不小于 100 mm 的中粗砂垫层；软土地基宜铺垫一层厚度不小于 150 mm 的砂砾或 5~40 mm 粒径碎石，其表面再铺厚度不小于 50 mm 的中、粗砂垫层。

柔性接口的刚性管道的基础结构，设计无要求时，一般土质地段可铺设砂垫层，亦可铺设 25 mm 以下粒径碎石，表面再铺 20 mm 厚的砂垫层（中、粗砂）。

砂石基础在铺设前，应先对槽底进行检查，槽底高程及槽宽须符合设计要求，且不应有积水和软泥。管道有效支承角范围必须用中、粗砂填充插捣密实，与管底紧密接触，不得用其他材料填充。

## （三）混凝土基础

混凝土基础一般用于土质松软的地基和刚性接口（对平口管、企口管采用钢丝网水泥砂浆抹带接口或现浇混凝土套环接口；对承插口管采用刚性填料接口）的管道上，下面铺一层 100 mm 厚的碎石砂垫层。在砂垫层上安装混凝土基础的侧向模板时，应根据管道中心位置在坡度板上拉出中心线，用垂球和搭马（宽度与混凝土基础一致）控制侧向模板的位置。搭马每隔 2.5 m 安置一个，以固定模板之间的间距。搭马在浇筑混凝土后方可拆除，随即清理保管。

# 第三节  给水排水管道顶管施工

## 一、顶管的基本概论

顶管法是最早使用的一种非开挖施工方法，它是将新管用大功率的顶推设备顶进至终点来完成铺设任务的施工方法。

## （一）顶管的分类

顶管的分类方法很多，每一方法都强调某一侧面，但也无法概全，有局限性。

### 1. 按管道的口径（内径）分

按管道的口径不同，顶管可分为小口径顶管、中口径顶管和大口径顶管。

小口径指不适宜进入操作的管道，而大口径指操作人员进出管道比较方便的管道，根据实际经验，我国确定的三种口径分别如下：

小口径管道：内径<800 mm。

中口径管道：800 mm≤内径≤1 800 mm。

大口径管道：内径>1 800 mm。

### 2. 按顶进距离分

按顶进距离不同，顶管可分为中短距离顶管、长距离顶管和超长距离顶管。

这里所说的距离指管道单向一次顶进长度，以 $L$ 代表距离，则

中短距离顶管：$L \leqslant 300$ m。

长距离顶管：$300$ m$< L \leqslant 1\ 000$ m。

超长距离顶管：$L > 1\ 000$ m。

### 3. 按管材分

按管材不同，顶管可分为钢筋混凝土管、钢管、玻璃钢管、复合管顶管等。

### 4. 按顶管掘进机或工具管的作业方式分

（1）顶管按掘进功能分为手掘式、挤压式、半机械式、水力挖掘式。

（2）顶管按防塌功能分为机械平衡式、泥水平衡式、土压平衡式、气压平衡式。

（3）顶管按出泥功能分为干出泥、泥水出泥。

### 5. 按地下水位分

按地下水位不同，顶管可分为干法顶管和水下顶管。

### 6. 按管轴线分

按管轴线不同，顶管可分为直线顶管和曲线顶管。

## （二）顶管管材

顶管所用管材常用的有钢管、钢筋混凝土管和玻璃纤维加强管三种，下面着

重介绍钢管及钢筋混凝土管。

### 1. 钢管

大口径顶管一般采用钢板卷管。管道壁厚应能满足顶管施工的需要，根据施工实践可表示如下：

$$t = kd \qquad\qquad (4-1)$$

式中：$t$——钢管壁厚，mm；

$k$——经验系数，取 0.010~0.008；

$d$——钢管内径，mm。

为了减少井下焊接的次数，每段钢管的长度一般不小于 6 m，有条件的可以适当加长。

顶管钢管内外壁均要防腐。铺设前要用环氧沥青防锈漆（三层），对外表面进行防腐处理，待施工结束后再根据管道的使用功能选用合适的涂料涂内表面。

钢管管段的连接采用焊接。焊缝的坡口形式有二。其中，V 形焊缝是单面焊缝，用于小管径顶管；K 形和 X 形焊缝为双面焊缝，适用于大中管径顶管。

### 2. 钢筋混凝土管

混凝土管与钢管相比耐腐蚀，施工速度快（因无焊接时间）。混凝土管的管口形式有企口和平口两种。由于只有部分管壁传递顶力，故只适用于较短距离的顶管。平口连接由于密封、安装情况不同分为 T 形和 F 形接头。

T 形接头是在两管段之间插入一端钢套管（壁厚 6~10 mm，宽度 250~300 mm），钢管套与两侧管段的插入部分均有橡胶密封圈。而 F 形接头是 T 形接头的发展，安装时应先将钢套管与前段管段牢固地连接。用短钢筋将钢套管与钢筋混凝土管钢筋笼焊接在一起；或在管端事先预留钢环预埋件便于与钢套管连接。两段管端之间加入木质垫片（中等硬度的木材，如松木、杉木等），既可用来均匀地传递顶力，又可起到密封作用。

## 二、顶管的工艺组成

顶管施工工艺由掘进设备、顶进设备、泥水输送设备（进排泥泵）、测量设备、注浆设备、吊装设备、通风设备、照明设备组成。

（一） 掘进设备

顶管掘进机是安装在管段最前端起到导向和出土的作用，它是顶管施工中的关键机具，在手掘式顶管施工中不用顶管掘进机而只用工具管。

（二） 顶进设备

### 1. 主顶装置

主顶装置由主顶油缸、主顶油泵操纵台、油管等组成，其中主顶油缸是管子顶进的动力，主油缸的顶力一般采用 1 000 kN、2 000 kN、3 000 kN、4 000 kN，是由多台千斤顶组成，主顶千斤顶呈对称状布置在管壁周边，一般为双数且左右对称布置。千斤顶在工作坑内常用的布置方式为单列、双列、双层并列等形式，主顶进装置除主顶千斤顶外，还有千斤顶架以支承主顶千斤顶，主顶油泵供给主顶千斤顶以压力油，控制台控制千斤顶伸缩的操纵控制，操纵方式有电动和手动两种，前者使用电磁阀或电液阀，后者使用手动换向阀。油泵、换向阀和千斤顶之间均用高压软管连接。

### 2. 中继间

在顶管顶进距离较长，顶进阻力超出主顶千斤顶的容许总顶力、混凝土管节的容许压力、工作井后靠土体反作用力，无法一次达到顶进距离要求时，应使用中继间做接力顶进，实行分段逐次顶进。中继间之前的管道利用中继千斤顶顶进，中继间之后的管节则利用主顶千斤顶顶进。利用中继间千斤顶将降低原顶进速度，因此当运用多套中继间接力顶进时，应尽量使多套中继间同时工作，以提高顶进速度。根据顶进距离的长短和后座墙能承受的反作用力的大小以及管外壁的摩擦力，确定放置中继间的数量。

### 3. 顶铁

若采用的主顶千斤顶的行程长短不能一次将管节顶到位时，必须在千斤顶缩回后在中间加垫块或几块顶铁。顶铁分为环形、弧形、马蹄形三种。环形顶铁的目的是使主顶千斤顶的推力可以较均匀地加到所顶管道的周边。弧形和马蹄形顶铁是为了弥补千斤顶行程不足而用。弧形开口向上，通常用于手掘式、土压平衡式中；马蹄形开口向下，通常用于泥水平衡式中。

### 4. 后座墙

后座墙作为主顶千斤顶的支承结构，它起到了关键的作用。后座墙由两大部分组成：一部分是用混凝土浇筑成的墙体，亦有采用原土后座墙的；另一部分是靠主顶千斤顶尾部的厚铁板或钢结构件，称为钢后靠，钢后靠的作用是尽量把主顶千斤顶的反力分散开来。

### 5. 导轨

顶进导轨由两根平行的轨道所组成，其作用是使管节在工作井内有一个较稳定的导向，引导管段按设计的轴线顶入土中，同时使顶铁能在导轨面上滑动。在钢管顶进过程中，导轨也是钢管焊接的基准装置。导轨应选用钢质材料制作，可用轻轨、重轨、型钢或滚轮做成。

## （三）泥水输送设备（进排泥泵）

进排泥泵是泥水式顶管施工中用于进水输送和泥水排送的水泵，是一种离心式水泵，前者称为进水泵或进泥泵，后者称为排泥泵。

不是所有的离心泵都能担任泥水式顶管施工中的进排泥泵的，选用时应遵循下述四条原则（泵应具备的条件）：

1. 不仅能泵送清水，而且能泵送比重 1.3 以下的泥水的离心泵才可被选作进排泥泵。

2. 由于被输送的泥水中有大量的砂粒，它对泵的磨损特别大。因此，选用的泵应具有很强的耐磨性能，包括密封件也应有很高的耐磨性能。只有这类离心泵可以被选为进排泥泵。

3. 由于输送的泥水中，可能有较大的块状、条状或纤维状物体。其中，块状物可能是坚硬的卵石，也可能是黏土团。而进排泥泵在输送带有上述物体过程中不应受到堵塞。尤其是输送粒径占进排泥管直径 1/3 的块状物时，泵的叶轮不允许卡死。

4. 泵能在额定流量和扬程下长期连续工作，并且寿命比较长，故障比较少，效率比较高。

只有具备了以上四个条件的离心泵才可被选作进排泥泵。

### (四) 测量设备

管道顶进中应不断观测管道的位置和高程是否满足设计要求。顶进过程中及时测量纠偏，一般每推进 1 m 应测定标高和中心线一次，特别对正在入土的第一节管的观测尤为重要，纠偏时应增加测量次数。

#### 1. 测量

(1) 水准仪测平面与高程位置

①用水准仪测平面位置的方法是在待测管首端固定一小十字架，在坑内架设一台水准仪，使水准仪十字对准十字架，顶进时，若出现十字架与水准仪上的十字丝发生偏离，即表明管道中心线发生偏差。

②用水准仪测高程位置的方法是在待测管首端固定一个小十字架，在坑内架设一台水准仪，检测时，若十字架在管首端相对位置不变，其水准仪高程必然固定不变，只要量出十字架交点偏离的垂直距离，即可读出顶管顶进中的高程偏差。

(2) 垂球法测平面与高程位置

在中心桩连线上悬吊的垂球标示出了管道的方向，顶进中，若管道出现左右偏离，则垂球与小线必然偏离；再在第一节管端中心尺上沿顶进方向放置水准仪，若管道发生上下移动，则水准仪气泡也会发生偏移。

(3) 激光经纬仪测平面与高程位置

采用架设在工作坑内的激光经纬仪照射到待测管首端的标牌，即可测定顶进中的平面与高程的误差值。

#### 2. 校正

(1) 挖土校正

偏差值为 10~30 mm 时可采用此法。当管子偏离设计中心一侧适当超挖，使迎面阻力减小，而在管子中心另一侧少挖或留台，使迎面阻力加大，形成力偶，让首节管子调向，借预留的土体迫使管子逐渐回位。

例：如果发现顶进过程中管子"低头"，则在管顶处多挖土，管底处少挖土；如果顶进中管子"抬头"，则在管前端下多挖土，管顶少挖土，这样再顶进时即可得以校正。

（2）强制校正法

强迫管节向正确方向偏移的方法。

①衬垫法：在首节管的外侧局部管口位置垫上钢板或木板迫使管子转向。

②支顶法：应用支柱或千斤顶在管前设支撑，斜支于管口内的一侧，以强顶校正。

③主压千斤顶法：一般在顶进 15 m 内发现管中心偏差可用主压千斤顶进行校正。若管中心向左偏，则左管外侧顶铁比右侧顶铁加长 10~15 mm，左顶力大于右侧而得到校正。

④校正千斤顶法：在首节工具管之后安装校正环，校正环内有上、下、左、右几个校正千斤顶，偏向哪侧，开动相应侧的纠偏千斤顶。

（3）激光导向法

激光导向法是应用激光束极高的方向准直性这一特点，利用激光准直仪发射的光束，通过光点转换和有关电子线路来控制指挥液压传动机构，达到顶进的方向测量与偏差校正自动化。

纠偏时掌握条件，无论何种纠偏方法，都应在顶进中进行，顶进中注意勤测勤纠，纠偏时注意控制纠偏角度。

（五）注浆设备

现在的顶管施工都离不开润滑浆，也离不开注润滑浆的设备。只有当所顶进的管道的周边与土之间有着一个很好的浆套把管子包裹起来，才能有较好的润滑和减摩作用。它的减摩效果有时可达到惊人的程度，即其综合摩擦阻力比没有注润滑浆的低 1~2 倍以上。

现在使用的注润滑浆设备大体有三类：一是往复活塞式注浆泵；二是曲杆

泵；三是胶管泵。

在往复活塞式的注浆泵中，有的是高压大流量的，有的是低压小流量的，而顶管施工中常用的则是低压小流量的，这种注浆泵在早期的顶管施工中使用得比较多。由于这种往复式泵有较大的脉动性，不能很好地形成一个完整的浆套包裹在管子的外周上，于是也就降低了注浆的效果。

为了弥补上述往复式注浆泵的不足，现在大多采用螺杆泵，也有称作曲杆泵的注浆泵。这种泵体的构造较简单，外壳是一个橡胶套，套中间有一根螺杆。当螺杆按设计的方向均匀地转动时，润滑浆的浆液就从进口吸入，从出口均匀地排出。

这种螺杆式注浆泵的最大特点是它所压出的浆液完全没有脉动，因此由它输出的浆液就能够很好地挤入刚刚形成的管子与土之间的缝隙里，很容易在管子外周形成一个完整的浆套。但是，螺杆泵除无脉动和有较大的自吸能力这两个优点外，还有两个较大的缺点：一个是浆液里不能有较大的颗粒和尖锐的杂质，如玻璃等，如果有了，那就很容易损坏橡胶套，从而使泵的工作效率下降或无法正常工作；另一个，是螺杆泵绝对不能在无浆液的情况下空转，一空转就损坏。

第三种注浆泵是胶管泵，这类泵在国内的顶管中使用得很少，国外则应用得较普遍。它的工作原理如下：当转动架按箭头所指示的方向旋转时，压轮把胶管内的浆液由泵下部的吸入口向上部的排出口压出，而挡轮则分别挡在胶管的两侧。当下部的压轮一边往上压的时候，胶管内已没有浆液。这时，由于胶管的弹性作用，在其恢复圆形断面的过程中把浆液从吸入口又吸到胶管内，等待着下一个压轮来挤压，这样不断重复下去，就能使泵正常工作了。

这种胶管泵除脉动比较小的特点外，还有以下一些特点：可输送颗粒含量较多又较大的黏度高的浆液；经久耐用，保养方便；即使空转也不会损坏。

（六）吊装设备

用于顶管施工的起重设备大体有两类，一类是行车，另一类是吊车。

用于顶管的行车自 5 t 开始到 30 t 为止，各种规格的都有。它起吊吨位的大小与顶进的管径有关，管径小的用起吊吨位小的行车，管径大的则用起吊吨位大的行车。一般而言，决定起吊吨位大小的主要因素是所顶管节的质量。如管节质量小于 5 t，则可选用 5 t 的行车；若管节质量为 9 t，则应选用 10 t 的行车；等等。

顶管施工中所用的另一类起重设备就是吊车。吊车的类型有汽车吊、履带吊、轮胎吊等。使用吊车时其起吊半径较小，没有行车灵活，而且随着其活动半径的增大，起重吨位就下降。另外，吊车自重比较大，所停的工作坑边要有非常坚固的地基。使用吊车的噪声也比较大。除非行车的起重量不够，不能起吊诸如掘进机等大的设备，这时才采用吊车，一般情况下多采用行车。

## （七）通风设备

在长距离顶管中，通风是一个不容忽视的问题。因为长距离顶进过程的时间比较长，人员在管子内要消耗大量的氧气，久而久之，管内就会出现缺氧，影响作业人员的健康。另外，管内的涂料，尤其是钢管内的涂料会散发出一些有害气体，也必须用大量新鲜空气来稀释。还有可能在掘进过程中遇到一些土层内的有害气体逸出，也会影响作业人员的健康，这在手掘式及土压式中表现较为明显。还有，在作业过程中还会有一些粉尘浮游在空气中，也会影响作业人员健康，最后还有钢管焊接过程中有许多有害烟雾，它不仅影响作业人员健康，而且也影响测量工作。所有以上这些问题，都必须靠通风来解决。

通风的形式，常用的有三种：鼓风式通风、抽风式通风和组合式通风。鼓风式通风是把风机置于工作井的地面上，且在进风口附近的环境要好一些，把地面上的新鲜空气通过鼓风机和风筒鼓到掘进机或工具管内。抽风式通风又称吸入式抽风，它是将抽风机安装在工作坑的地面上，把抽风管道一直通到挖掘面或掘进机操作室内。组合式通风的基本形式有两种：一种是长鼓短抽，另一种是长抽短鼓。所谓长鼓短抽，就是以鼓风为主，抽风为辅的组合通风系统。在该系统中鼓风的距离长，风筒长；抽风的距离短，风筒也短。另一种是以抽风为主的通风系统称为长抽短鼓式，即抽风距离比较长，鼓风距离比较短。

## （八）照明设备

一般有高压网和低压网两种。小管径、短距离顶管中一般直接供电，380V动力电源送至掘进机中；大管径、长距离顶管中一般高压电输送，经变压器降压

380V 后送至掘进机的电源箱中。照明用电一般为 220V 电源。

## 三、顶管工作井的基本知识

### (一) 工作坑和接收坑的种类

顶管施工虽不需要开挖地面，但在工作坑和接收坑处则必须开挖。

工作坑是安放所有顶进设备的场所，也是顶管掘进机或工具管的始发地，同时又是承受主顶油缸反作用力的构筑物。

接收坑则是接收顶管掘进机或工具管的场所。工作坑比接收坑坚固可靠，尺寸也较大。工作坑和接收坑按其形状来区分，有矩形的、圆形的、腰圆形的、多边形的几种。

工作坑和接收坑按其结构来分，有钢筋混凝土坑、钢板桩坑、瓦楞钢板坑等。在土质条件好而所顶管子口径比较小，顶进距离又不长的情况下，工作坑和接收坑也可采用放坡开挖式，只不过在工作坑中须浇筑一堵后座墙。

工作坑和接收坑如果按它们的构筑方法分，则可分为沉井坑、地下连续墙坑、钢板桩坑、混凝土砌块或钢瓦楞板拼装坑以及采用特殊施工方法构筑的坑等。

### (二) 工作坑和接收坑的选取原则

首先，在工作井和接收坑的选址上应尽量避开房屋、地下管线、河塘、架空电线等不利于顶管施工作业的场所。尤其是工作坑，它不仅在坑内布置有大量设备，而且在地面上又要有堆放管子、注浆材料和提供渣土运输或泥浆沉淀池以及其他材料堆放的场地，还要有排水管道等。其次，在工作坑和接收坑的选定上也要根据顶管施工全线的情况，选取合理的工作坑和接收的个数。众所周知，工作坑的构筑成本肯定会大于接收坑。因此，在全线范围内，应尽可能地把工作坑的数量降到最少。同时还要尽可能地在一个工作坑中向正反两个方向顶，这样会减少顶管设备转移的次数，从而有利于缩短施工周期。例如，我们有两段相连通的顶管，这时尽可能地把工作坑设在两段顶管的连接处，分别向两边两个接收坑顶。设一个工作坑，两个接收坑，这样比较合理。

最后，在选取工作坑或接收坑时，也应全盘综合考虑，然后不断优化。

# 第四节 其他施工方法

## 一、盾构法施工

### (一) 盾构的定义

盾构机,简称盾构,其全称为盾构隧道掘进机,是一种隧道掘进的专用工程机械,它是一个横断面外形与隧道横断面外形相同,尺寸稍大,利用回旋刀具开挖,内藏排土机具,自身设有保护外壳用于暗挖隧道的机械。

### (二) 盾构机的发展

盾构机问世至今已有近180年的历史,其始于英国,发展于日本、德国。近30年来,通过对土压平衡式、泥水式盾构机中的关键技术,如盾构机的有效密封,确保开挖面的稳定、控制地表隆起及塌陷在规定范围之内,刀具的使用寿命以及在密封条件下的刀具更换,对一些恶劣地质如高水压条件的处理技术等方面的探索和研究解决,使盾构机有了很快的发展。材料科学的发展将能够制造功能更强、缺陷更少的切割刀具,使得机器可以运行数百英里而无须停顿更换刀具。现在,盾构机力求实现机器的地面控制,从而避免为保证隧道内人员安全而采取的各种产生昂贵费用的措施,在一些小型隧道上已经实现。

### (三) 盾构机的原理

盾构机的基本工作原理就是一个圆柱体的钢组件沿隧洞轴线边向前推进边对土壤进行挖掘。该圆柱体组件的壳体即护盾,它对挖掘出的还未衬砌的隧洞段起着临时支撑的作用,承受周围土层的压力,有时还承受地下水压以及将地下水挡在外面。挖掘、排土、衬砌等作业在护盾的掩护下进行。

### (四) 盾构的基本构造

盾构通常由盾构壳体、推进系统、拼装系统、出土系统四大部分组成。

## （五）盾构机的特点

用盾构机进行隧洞施工具有自动化程度高、节省人力、施工速度快、一次成洞、不受气候影响、开挖时可控制地面沉降、减少对地面建筑物的影响和在水下开挖时不影响水面交通等特点，在隧洞洞线较长、埋深较大的情况下，用盾构机施工更为经济合理。现代盾构掘进机集光、机、电、液、传感、信息技术于一体，具有开挖切削土体、输送土渣、拼装隧道衬砌、测量导向纠偏等功能，而且要按照不同的地质进行"量体裁衣"式的设计制造，可靠性要求极高，已广泛应用于地铁、铁路、公路、市政、水电等隧道工程。

## （六）盾构机的种类

盾构机的分类较多，可按盾构切削面的形状，盾构自身构造的特征、尺寸的大小、功能，挖掘土体的方式，掘削面的挡土形式，稳定掘削面的加压方式，施工方法，适用土质的状况多种方式分类。下面按照盾构机内部是否有隔板分隔切削刀盘和内部设备进行分类。

### 1. 全敞开式盾构机

全敞开式盾构机的特点是掘削面敞露，故挖掘状态是干态状，所以出土效率高。适用于掘削面稳定性好的地层，对于自稳定性差的冲积地层应辅以压气、降水、注浆加固等措施。

（1）手掘式盾构机

手工掘削盾构机的前面是敞开的，所以盾构的顶部装有防止掘削面顶端坍塌的活动前檐和使其伸缩的千斤顶。掘削面上每隔 2~3 m 设有一道工作平台，即分割间隔为 2~3 m。另外，在支撑环柱上安装有正面支撑千斤顶。掘削面从上往下，掘削时按顺序调换正面支撑千斤顶，掘削下来的砂土从下部通过皮带传输机输给出土台车。掘削工具多为鹤嘴锄、风镐、铁锹等。

（2）半机械式盾构机

半机械式盾构机是在人工式盾构机的基础上安装掘土机械和出土装置，以代替人工作业。掘土装置有铲斗、掘削头及两者兼备三种形式。具体装备形式为：铲斗、掘削头等装置设在掘削面的下部；铲斗装在掘削面的上半部，掘削头在下半部；掘削头和铲斗装在掘削面的中心。

（3）机械式盾构机

机械式盾构机的前部装有旋转刀盘，故掘削能力大增。掘削下来的砂土由装在掘削刀盘上的旋转铲斗，经过斜槽送到输送机。由于掘削和排土连续进行，故工期缩短，作业人员减少。

### 2. 部分开放式盾构机

部分开放式盾构机即挤压式盾构机，其构造简单、造价低。挤压盾构机适用于流塑性高、无自立性的软黏土层和粉砂层。

（1）半挤压式盾构机（局部挤压式盾构机）

在盾构的前端用胸板封闭以挡住土体，防止发生地层坍塌和水土涌入盾构内部的危险。盾构向前推进时，胸板挤压土层，土体从胸板上的局部开口处挤入盾构内，因此可不必开挖，使掘进效率提高，劳动条件改善。这种盾构称为半挤压式盾构，或局部挤压式盾构。

（2）全挤压式盾构机

在特殊条件下，可将胸板全部封闭而不开口放土，构成全挤压式盾构。

（3）网格式盾构机

在挤压式盾构的基础上加以改进，可形成一种胸板为网格的网格式盾构，其构造是在盾构切口环的前端设置网格梁，与隔板组成许多小格子的胸板；借土的凝聚力，网格胸板可对开挖面土体起支撑作用。当盾构推进时，土体克服网格阻力从网格内挤入，把土体切成许多条状土块，在网格的后面设有提土转盘，将土块提升到盾构中心的刮板运输机上并运出盾构，然后装箱外运。

### 3. 封闭式盾构机

（1）泥水式盾构机

泥水式盾构机是在机械式盾构刀盘的后侧，设置一道封闭隔板，隔板与刀盘间的空间定名为泥水仓。把水、黏土及其添加剂混合制成的泥水，经输送管道压入泥水仓，泥水充满整个泥水仓，并具有一定压力后，形成泥水压力室。通过泥水的加压作用和压力保持机构，能够维持开挖工作面的稳定。盾构推进时，旋转刀盘切削下来的土砂经搅拌装置搅拌后形成高浓度泥水，用流体输送方式送到地面泥水分离系统，将渣土、水分离后重新送回泥水仓，这就是泥水加压平衡式盾构法的主要特征。因为是靠泥水压力使掘削面稳定平衡，故得名泥水加压平衡盾构，简称泥水盾构。

（2）土压式盾构机

土压式盾构机是把土料（必要时添加泡沫等对土壤进行改良）作为稳定开挖面的介质，刀盘后隔板与开挖面之间形成泥土室，刀盘旋转开挖使泥土料增加，再由螺旋输料器旋转将土料运出，泥土室内土压可由刀盘旋转开挖速度和螺旋输出料器出土量（旋转速度）进行调节。它又可细分为削土加压盾构、加水土压盾构、加泥土压盾构和复合土压盾构。

## 二、水平定向钻

（一）概述

定向钻源于海上钻井平台钻进技术，现用于铺设管道，钻进方向由垂直方向变成水平方向，为了区分冠以"水平"二字，称"水平定向钻"，简称"定向钻"。

水平定向钻在管道非开挖施工中对地面破坏最少，施工速度最快。管轴线一般成曲线，可以非常方便地穿越河流、道路、地下障碍物。因其有显著的环境效益，施工成本低，目前已在天然气、自来水、电力和电信部门广泛采用。

定向钻的轴线一般是各种形状的曲线，管道在铺设中要随之弯曲。所以，用水平定向钻铺设的管道受到直径的限制，不能太大。随着施工技术和定向精度的提高，水平定向钻敷管的管径也在增大，长距离穿越的最大管径已达 1 016 mm。

（二）定向原理

钻机的钻进方向可定向的钻机称为定向钻机。用于铺设水平管道的定向钻机称为水平定向钻机。水平定向钻机敷管的关键技术就是钻头的定向钻进，这就是水平定向钻机与一般钻机的主要区别。

水平定向钻机的钻头是如何改变钻进方向的呢？钻头在钻进时受到两个来自钻机的力——推力和切削力。定向钻的钻头前面带有一个斜面，随着钻头的转动而改变倾斜方向。钻头连续回转时，在推力和切力的联合作用下则钻出一个直孔；钻头不回转时，斜面的倾斜方向不变，这时钻头在钻机的推力作用下向前移动，并朝着斜面指着的方向偏移，则使钻进方向发生改变。所以只要控制斜面的朝向，就控制住了钻进的方向。

（三）施工方法

用定向钻敷管分两步进行：

第一步，先钻导向孔。水平定向钻在管轴线的一侧下钻，钻头在受控的情况下穿过河床、穿越公路或铁路、绕过地下障碍物，最后在管轴线的另一侧钻出地面，完成导向孔的施工。管轴线两端一般不设发射坑和接受坑，钻机直接从地面以小角度下钻。只有当管道纵向刚度较大难以变向，或者施工场地较小等特殊情况下才设发射坑、接受坑。

第二步，扩孔和敷管。导向孔完成后将钻杆回拖。回拖前钻杆末端装上扩孔器，在回拖过程中同时扩孔，视工程需要决定回扩数次。最后一次回扩时，将需要铺设的管道通过回转接头与扩孔器连接，并随着钻杆的回拖拉入扩大了的钻孔内，直至拖出地面。

导向孔施工和扩孔时一般采用循环泥浆（钻进液），泥浆从钻杆尾部压向钻头，其作用如下：润滑、冷却钻头，减少钻杆与土的摩阻力；软化土体，利于钻头的切削；孔内起护壁作用，防止孔壁坍塌；弃土的输送载体，随着泥浆排出孔外。

泥浆通常是膨润土与水的混合物，它能使弃土和岩屑处于悬浮状态，通过泥浆的循环携带出钻孔外，泥浆经过沉淀和过滤除去弃土和岩屑再送到钻杆头部，如此循环。根据不同地质，泥浆的配方是不同的。对于孔壁稳定较差的土体，泥浆比重要大，以增加泥浆护壁的压力；对于孔隙率较大的土质，泥浆的黏度要大，以减少泥浆的流失。

水平钻进的施工难易程度与地层类型有关。通常均质黏土地层最容易钻进；砂土层要难一些，尤其是处于地下水位以下的不稳定砂土层；在砾石层中钻进会加速钻头的磨损。

水平定向钻敷管工程的难度主要决定于管轴线的弯曲程度和铺设管道的刚

度。具体表现在以下方面：穿越长度、穿越深度、管径、管壁厚度、管材和地层性质。对于同等能力钻机，管径越小，则穿越长度越长；同一管径的管壁越薄，则穿越长度越长；穿越深度越小，轴线必然平稳，则穿越长度越长；土质条件越好，则穿越长度越长。工程难度应由上述因素综合评定。

### （四）钻机

水平定向钻机是采用定向钻敷管法的主要机具。水平钻机可大致分为两类——地表发射的和坑内发射的。地表发射的最为普遍。

坑内发射钻机固定在发射坑中，利用坑的前、后壁承受给进力和回拉力。采用这类钻机，施工用地较小，一般用于穿越长度较短、轴线比较平缓的工程。

地表发射钻机一般用锚固桩固定，固定方式较多，其中用液压方式固定较为方便。这类钻机通常为履带式，可依靠自身的动力自行走进工地。铺设新管时它们不需要发射坑和接受坑。

大多数水平钻机，带有一个钻杆自动装卸系统，定长的钻杆装在一个"传送盘"上，随钻进或回扩的过程而自动加、减钻杆，并自动拧紧或卸开螺纹。钻杆自动装卸系统加快了施工速度，提高了施工安全度和减小劳动强度，因而应用日益普遍，即使在小型钻机上也是如此。

水平定向钻机的重要技术指标是钻机的最大扭矩轴向最大给进力和最大回拖力。钻机依靠钻杆扭矩和加在钻杆上的给进力完成钻孔，依靠扭矩和回拖力完成扩孔和拖管。

水平定向钻有大、中、小机型之分：最大推拉力，小到 10 kN 左右，大到 4 500 kN；最大扭矩，小到 2 000 N·m，大到 90 000 N·m，要根据工程对象选择定向转机。

定向钻的导向钻进速度很快，砂性土中的钻进速度 60~80 m/d；软弱的黏性土中钻进可达 200 m/d，但遇到坚硬的地层或大块的砾石，速度就会下降很多。

水平钻进不需要提供深度信息。下潜段和上升段的长度一般是管轴线埋深的 4~5 倍。最小转弯半径应大于 30~42 m。

### （五）导向系统

水平定向钻钻孔时一般要依靠导向系统。

导向系统有两大类，最常用的是手持式导向系统，它由安装在钻头后部空腔内的探头（信号棒）和地面接收器组成，探头发出的无线信号由地面接收器接收。从接收器除可以得到钻头的位置深度外，还得到钻头倾角、钻头斜面的面向角、电池电量和探头温度等。手持式导向系统使用时要求其接收器必须能直接到达钻头的上方，而且能接收到足够强的信号。因此，它的使用受到某些条件限制，例如过较大的河流，地面有较大建筑物，附近有强磁场干扰就不能使用。另一类是有缆式导向系统。有缆式导向系统仍要求在钻头后部安装探头，通过钻杆内的电缆向控制台发送信号，可以得到钻头倾角、钻头的面向角、电池电量和探头温度等，但不能提供深度信号，因此仍然需要地面接收器。虽然电缆线增加了施工的操作，但由于不依靠无线传送信号，因此避免了手持式导向系统的不足，适用于长距离穿越。

管道长距离穿越的轴线可分成三个区段：下潜段、水平段和上升段。下潜段和上升段要放在地面接收器可以到达的范围，水平段放在江河的下面，这段的控制要求钻头在原来的标高上保持水平钻进，不需要提供深度信息。

## （六）钻机附属设备

### 1. 泥浆系统

泥浆系统通常采用集装式设计，其中包括泥浆搅拌桶、储浆池、泥浆泵和管路系统。较大钻机，有的将储浆池分离出来。泥浆液通过钻杆内孔泵送到钻头，再从钻杆与孔之间的环形通道返回，并把破碎下来的弃土和钻屑挟带至过滤系统进行分离和再循环。

### 2. 钻杆

水平定向钻的钻杆要求有很高的机械性能，必须有足够强度承受钻机给进力和回拖力，有足够的抗扭强度承受钻进时的扭矩；有足够的柔韧性以适应钻进时的方向改变；还要耐磨，尽可能地轻，以方便运输和操作。

### 3. 回扩器

回扩器形状大多为子弹头形状，上面安装有碳化钨合金齿和喷嘴。扩孔器的后部有一个回转接头与工作管的拉管接头相连。

**4. 拉管接头**

拉管接头不但要牢固地和铺设管道连接，而且要求管道密封，防止钻进液或碎屑进入管道，这对饮用水管特别重要。

**5. 回转接头**

回转接头是扩孔和拉管操作中的基本构件安装在拉管接头与回扩器之间。拖入的管道是不能回转的，而回扩器是要回转的，因此两者之间需要安装回转接头。回转接头必须密封可靠，严格防止泥浆和碎屑进入回转接头中的轴承。

为了保护铺设管道不受损坏，设计了一种断路式回转接头。断路式回转接头可在超过设定载荷时将销钉断开，以保护工作管道。

## （七）适用范围

**1. 适用地质**

水平定向钻适用土层为黏性土和砂土，且地基标准贯入锤击数 N 值宜小于 30，若混有砾石，其粒径宜在 150 mm 以下。

**2. 适用管材**

水平定向钻铺设的常用管材是聚氯乙烯管（PVC）、高密度聚乙烯管（HDPE）和钢管。

# 三、气动矛

## （一）简介

气动矛类似于一只卧放的风镐在压缩空气的驱动下推动活塞不断打击气动矛的头部，将土排向周边，并将土体压密。同时气动矛不断向前行进，形成先导孔。先导孔完成后，管道便可直接拖入或随后拉入。也可以通过拉扩法将钻孔扩大，以便铺设更大直径的管道。

气动矛可以用于铺设较短距离、较小直径的通信电缆、动力电缆、磁气管及上下水管，具有施工进度快、经济合理的特点。如：干管通入建筑物的支管线连接、街道和铁路路堤的横向穿越、磁气管网的入户。气动矛的成孔速度很快，平均为 12 m/h。

## (二) 气动矛构造

气动矛的构造因厂而异，其基本原理相同，构造上的不同之处主要在气阀的换气方式。一般气动矛前端有一个阶梯状由小到大的头部，受到活塞的冲击后向前推进。活塞后部有一个配气阀和排气孔。整个气动矛向前移动时，都依靠连接在其尾部的软管来供应压缩空气。

气动矛的外径一般为 45~180 mm。活塞冲击频率为 200~570 次/min。压缩空气的压力为 0.6~0.7 MPa。

近来又有定向气动矛面市。定向气动矛也是由压缩空气驱动，并借助标准的导向仪引导方向。传感器置于气动矛前腔室内，给显示器提供倾角及转动信息，地面上的手动定位装置可精确跟踪气动矛的位置和深度。

## (三) 气动矛施工方法

气动矛是不排土的，因此要求覆盖层有一定厚度，一般为管径的 10 倍。不排土施工的问题是成孔后要缩孔，因此要求铺设成品管的管径应比气动矛的外径小 10%~15%，具体尺寸还须根据土质而定。成品管管径要小的另一个原因是为了减少送管时的摩擦阻力。

气动矛可施工的长度与口径有关，小的口径通常不超过 15 mm，较大口径一般为 30~150 mm。因为施工长度与矛的冲击力、地质条件有关，如果条件对施工有利，施工长度还可以增加。根据不同土壤结构，定向气动矛的最小弯曲半径为 27~30 m。

## (四) 适用范围

气动矛适用地层一般是可压缩的土层，例如淤泥质黏土、软黏土、粉质黏土、黏质粉土、非密实的砂土等。在砂层和淤泥中施工，则要求在气动矛之后直接拖入套管或成品管，这样做不仅用于保护孔壁，而且可提供排气通道。

气动矛适用于管径为 150 mm 及其以下的 PVC 管、PE 管和钢管。

## 四、夯管锤

### （一）简介

夯管锤类似于卧放的气锤，是气动矛的互补机型，都是以压缩空气为动力。所不同的是：夯管锤铺设的管道较气动矛大；夯管锤施工时与气动矛相反，始终处于管道的末端；夯管锤铺管不像气动矛那样对土有挤压，因此管顶覆盖层可以较浅。

夯管锤铺设较短距离、较大直径的管道具有其突出的优点，适用于排水、自来水、电力、通信、油气等管道穿越公路、铁路、建筑物和小型河流，是一种简单、经济、有效的施工技术。

### （二）铺管原理

夯管锤是一个低频、大冲击力的气动冲击器，将铺设的钢管沿设计轴线直接夯入地层。夯管锤对管道的冲击和振动作用，能使进入钢管内的土心疏松（干性土）或产生液化（潮湿土），对于绝大部分土层，土心均能随着钢管夯入地层而徐徐地进入管道内，这样既减小了夯管时的管端阻力，又避免造成地面隆起。同时，振动作用也可减少钢管与地层之间的摩擦力。夯管锤的冲击力还可使比管径小的砾石或块石进入管内，比管径大的砾石或块石被管头击碎。

### （三）施工

夯管锤施工比较简单，只需要在平行的工字钢上正确地校准夯管锤与第一节钢管轴线，使其一致，同时又与设计轴线符合就可以了，不需要牢固的混凝土基础和复杂的导轨。为了避免损坏第一根钢管的管口，并防止变形，可装配上一个外径较大、内径较小的钢质切削管头。这样可以减少土体对钢管内外表面的摩擦，同时也对管道的内外涂层起到保护作用。

夯管锤依靠锤击的力量将钢管夯入土中。当前一节钢管入土后，后一节钢管焊接接长再夯，如此重复直至夯入最后一节钢管。钢管到位后，取下管头，再将管中的土心排出管外。排除土心可用高压水枪，冲成泥浆后流出管外。

夯管锤敷管长度与土质好坏、锤击力大小、管径的大小、要求轴线的精度有关，一般为 80 m 左右。如果使用适当，还可增加，最长已达 150 m。

夯管锤铺管效率高，每小时可夯管 10~30 m。施工精度一般可控制在 2% 范围内。

## (四) 主机——夯管锤

目前，夯管锤锤体直径一般为 95~600 mm，可铺管直径从几厘米到几米。夯管锤可水平夯管也可垂直夯管，水平夯管的管径较小，一般为 800 mm 或者更小。因此，水平管的夯管锤也较小，锤体在 300 mm 左右，冲击力有 3 000 kN 就可满足了。夯管锤的撞击频率一般为 280~430 次/min。

## (五) 主要配套设备

### 1. 空压机

夯管锤动力是空压机，压力为 0.5~0.7 MPa，其排量根据不同型号夯管锤的耗气量而定。

### 2. 连接固定系统

连接固定系统由夯管头、出土器、调节锥套和张紧器组成。夯管头用于防止钢管端部因承受巨大的冲击力而损坏；出土器用于排出在夯管过程中进入钢管内又从钢管的另一端挤出的土体；调节锥套用于调节钢管直径、出土器直径和夯管锤直径间的相配关系。夯管锤通过调节锥套、出土器和夯管头与钢管相连，并用张紧器将它们紧固在一起。

# 第五章 市政给水排水工程施工安全与管理

## 第一节　市政给水排水工程安全文明施工

### 一、市政工程安全概述

#### （一）相关概念

**1. 安全生产概念**

安全生产，是指消除或控制生产过程中的危险、有害因素，保障人身安全健康、设备完好无损及生产顺利进行。安全生产除了对直接生产过程的控制外，还包括劳动保护和职业卫生及不可接受的损害风险（危险）的状态。

不可接受的损害风险（危险）是指，超出了法律、法规和规章的要求；超出了方针、目标和企业规定的其他要求，超出了人们普遍接受的（通常是隐含）要求。

**2. 安全控制概念**

安全控制是通过对生产过程中涉及的计划、组织、指挥、监控、调节和改进等一系列致力于满足生产安全所进行的管理活动。

#### （二）安全控制方针和目标

**1. 安全控制方针**

安全控制是为了安全生产，因此安全控制的方针也应符合安全生产的方针，即"安全第一，预防为主"。

"安全第一"是把人身的安全放在首位，安全施工，施工必须保证人身安全，充分体现了"以人为本"的理念。"安全第一"的方针，就是要求所有参与工程建设的人员，包括管理者和操作人员以及工程建设活动监督管理人员都必须树立安全的观念，不能为了经济的发展牺牲安全，当安全与生产发生矛盾时，必须先解决安全问题，在保证安全的前提下从事生产活动，也只有这样才能使生产正常进行，促进经济的发展，保持社会的稳定。

"预防为主"是实现安全第一的核心原则。在工程建设活动中，根据工程建设的特点，对不同的生产要素采取相应的管理措施，从而减少甚至消除事故隐患，尽量把事故消灭在萌芽状态，这是安全生产管理的最重要的思想。

市政工程的安全施工执行的是国家监督、企业负责、劳动者遵章守纪的原则。安全施工必须以预防为主，明确企业法定代表人是企业安全施工的第一责任人，项目经理是本项目安全生产第一责任人。为了防止和减少安全事故的发生，要对法定代表人、项目经理、施工管理人员进行定期的安全教育培训考核；对新工人必须实行三级安全教育制度，即公司安全教育、项目安全教育和班组安全教育。

公司安全教育的主要内容是，国家和地方有关安全生产的方针、政策、法规、标准规定和企业的安全规章制度等；项目安全教育的主要内容是，工地安全制度、施工现场环境、工程施工特点及可能存在的不安全因素等；班组安全教育的主要内容是，本工程的安全操作规程、事故安全剖析、劳动纪律和岗位讲评等。

### 2. 安全控制目标

安全控制的目标是减少和消除生产过程中的事故，保证人员健康安全和财产免受损失。具体可包括：减少或消除人的不安全行为的目标，减少或消除设备、材料的不安全状态的目标。改善生产环境和保护自然环境的目标，安全管理的目标。

### (三) 安全控制特征

### 1. 动态性

由于建设工程项目的单件性，使得每项工程所处的条件不同，所面临的危险因素和防范措施也会有所改变，例如员工在转移工地后，熟悉一个新的工作环境需要一定的时间，有些制度和安全技术措施会有所调整，员工同样有熟悉的过程。

工程项目施工的分散性。因为现场施工是分散于施工现场的各个部位，尽管有各种规章制度和安全技术交底的环节，但是面对具体的生产环境时，仍然需要自己的判断和处理，有经验的人员还必须适应不断变化的情况。

### 2. 面广性

由于市政工程规模大、专业类别多、生产工艺复杂、工序多，在建造过程中流动作业多，地下、高处作业多，作业位置多变，遇到不确定因素多，所以安全控制工作涉及范围大，控制面广。安全控制不仅是施工单位的责任，还包括建设单位、勘察设计单位、监理单位，这些单位也要为安全管理承担相应的责任与义务。

### 3. 交叉性

市政工程项目是开放系统，受自然环境和社会环境影响很大，安全生产管理需要把工程系统和环境系统及社会系统结合在一起。

### 4. 严谨性

安全状态具有触发性，安全控制措施必须严谨，一旦失控，就会造成损失和伤害。

### （四）施工单位安全管理制度

#### 1. 安全生产责任制

建立安全生产责任制是施工安全技术措施实施的重要保证。安全生产责任制是指企业对项目经理部各级领导、各个部门、各类人员所规定的，在他们各自职责范围内对安全生产应负责任的制度。

#### 2. 安全生产教育培训制度

安全生产教育培训制度是指对从业人员进行安全生产的教育和安全生产技能的培训，并将这种教育和培训制度化、规范化，以提高全体人员的安全意识和安全生产的管理水平，减少、防止生产安全事故的发生。安全教育主要包括安全生产思想教育、安全知识教育、安全技能教育、安全法治教育等方面，其中对于新职工的三级安全教育，是安全生产基本教育制度。培训制度主要包括对施工单位的管理人员和作业人员的定期培训，特别是在采用新技术、新工艺、新设备、新材料时，对作业人员的培训。

### 3. 安全技术交底制度

项目经理部必须实行逐级安全技术交底制度，纵向延伸到班组全体作业人员。技术交底必须具体、明确、针对性强，技术交底的内容应针对分部分项工程施工中给作业人员带来的潜在危害和存在问题，优先采用新的安全技术措施，应将工程概况、施工方法、施工程序、安全技术措施等向工长、班组长进行详细交底，定期向由两个以上作业队和多工种进行交叉施工的作业队伍进行书面交底，所有的安全技术交底均应有书面签字记录。

### 4. 特种人员持证上岗制度

特种作业人员是指从事特殊岗位作业的人员，不同于一般的施工作业人员。特种作业人员所从事的岗位，有较大的危险性，容易发生人员伤亡事故，对操作者本人、他人及周围设施的安全有重大危害。特种作业人员必须按照国家有关规定经过专门的安全作业培训，并取得特种作业操作资格证书后，方可上岗作业。

### 5. 消防安全责任制度

消防安全责任制度指施工单位确定消防安全责任人，制定用火、用电、使用易燃易爆材料等各项消防安全管理制度和操作规程，施工现场设置消防通道、消防水源、配备消防设施和灭火器材，并在施工现场入口处设置明显标志。

### 6. 意外伤害保险制度

意外伤害保险是法定的强制性保险，由施工单位作为投保人与保险公司订立保险合同，支付保险费，以本单位从事危险作业的人员作为被保险人，当被保险人在施工作业发生意外伤害事故时，由保险公司依照合同约定向被保险人或者受益人支付保险金。该项保险是施工单位必须办理的，以维护施工现场从事危险作业人员的利益。

### 7. 施工现场安全纪律制度

不戴安全帽不准进入施工现场；不准带无关人员进入施工现场；不准赤脚或

穿拖鞋、高跟鞋进入施工现场；作业前和作业中不准饮用含酒精的饮料；不准违章指挥和违章作业；特种作业人员无操作证不准独立从事特种作业；无安全防护措施不准进行危险作业；不准在易燃易爆场所吸烟；不准在施工现场嬉戏打闹；不准破坏和污染环境。

### 8. 安全事故应急救援制度

施工单位应制定本单位生产安全事故应急救援预案，建立应急救援组织或者配备应急救援人员，配备必要的应急救援器材、设备，并定期组织演练；同时，施工单位应制订施工现场生产安全事故应急救援预案，并根据建设工程施工的特点、范围，对施工现场易发生重大事故的部位、环节进行监控。

### 9. 安全事故报告制度

施工单位按照国家有关伤亡事故报告和调查处理的规定，及时、如实地向负责安全生产监督管理部门、建设行政主管部门或者其他有关部门报告；特种设备发生事故的，还应当同时向特种设备安全监督管理部门报告。实行施工总承包的建设工程，由总承包单位负责上报事故。

## 二、市政给水排水工程安全控制

### (一) 施工现场不安全因素

#### 1. 物的不安全状态

物的不安全状态是指能导致事故发生的物质条件，包括机械设备等物质或环境所存在的不安全因素。

物的不安全状态的类型有：防护等装置缺乏或有缺陷，设备、设施、工具、附件有缺陷，个人防护用品用具缺少或有缺陷，施工生产场地环境不良。

物的不安全状态的内容：物（包括机器、设备、工具、物质等）本身存在的缺陷，防护保险方面的缺陷，物的放置方法的缺陷，作业环境场所的缺陷，外部的和自然界的不安全状态，作业方法导致的物的不安全状态，保护器具信号、标志和个体防护用品的缺陷。

## 2. 人的不安全因素

人的不安全因素是指影响安全的人的因素，即能够使系统发生故障或发生性能不良的事件的人员个人的不安全因素和违背设计和安全要求的错误行为。人的不安全因素可分为个人的不安全因素和人的不安全行为两个大类。

个人的不安全因素是指人员的心理、生理、能力中所具有不能适应工作、作业岗位要求的影响安全的因素。

个人的不安全因素主要包括：

（1）心理上的不安全因素，是指人在心理上具有影响安全的性格、气质和情绪，如懒散、粗心等。

（2）生理上的不安全因素，包括视觉、听觉等感觉器官、体能、年龄、疾病等不适合工作或作业岗位要求的影响因素。

（3）能力上的不安全因素，包括知识技能、应变能力、资格等不能适应工作和作业岗位要求的影响因素。

不安全行为产生的主要原因是：系统、组织的原因，思想责任心的原因，工作的原因。其中，工作原因产生不安全行为的影响因素包括：工作知识的不足或工作方法不适当，技能不熟练或经验不充分，作业的速度不适当，工作不当，但又不听或不注意管理指示。

同时，分析事故原因，绝大多数事故不是因技术解决不了造成的，都是违章所致。由于没有安全技术措施，缺乏安全技术措施，不做安全技术交底，安全生产责任制不落实，违章指挥，违章作业造成的，所以必须重视和防止产生个人的不安全因素。

## 3. 管理上的不安全因素

也称为管理上的缺陷，也是事故潜在的不安全因素，作为间接的原因共有以下方面：技术上的缺陷；教育上的缺陷；生理上的缺陷；心理上的缺陷；管理工作上的缺陷；教育和社会、历史上的原因造成的缺陷。

## 4. 消除不安全因素的基本思想

人的不安全行为与物的不安全状态在同一时间和空间相遇就会导致事故出现。因此预防事故可采取的方式无非是：

（1）消除物的不安全状态

①安全防护管理制度，包括土方开挖、基坑支护、脚手架工程、临边洞口作业、高处作业及料具存放等的安全防护要求。

②机械安全管理制度，包括塔吊及主要施工机械的安全防护技术及管理要求。

③临时用电安全管理制度，包括临时用电的安全管理、配电线路、配电箱、各类用电设备和照明的安全技术要求。

（2）约束人的不安全行为

①建立安全生产责任制度，包括各级、各类人员的安全生产责任及各横向相关部门的安全生产责任。

②建立安全生产教育制度。

③执行特种作业管理制度，包括特种作业人员的分类、培训、考试、取证及复审等。同时约束人的不安全行为，消除物的不安全状态，即通过安全技术管理，包括安全技术措施和施工方案的编制、审核、审批，安全技术交底，各类安全防护用品、施工机械、设施、临时用电工程等的验收等来予以实现。采取隔离防护措施。使人的不安全行为与物的不安全状态不相遇，如各种劳动防护管理制度。

## （二）施工安全技术措施

### 1. 安全技术措施内容

安全技术措施是以保护从事工作的员工健康和安全为目的的一切技术措施。在建设工程项目施工中，安全技术措施是施工组织设计的重要内容之一，是改善劳动条件和安全卫生设施，防止工伤事故和职业病，搞好安全施工的一项行之有效的重要措施。

建设工程施工安全技术措施计划的主要内容包括：工程概况、控制目标、控制程序、组织机构、职责权限、规章制度、资源配置、安全措施、检查评价、奖惩制度等。

对结构复杂、施工难度大、专业性较强的工程项目，除制订项目总体安全保证计划外，还必须制定单位工程或分部分项工程安全技术措施。

对高处作业、井下作业等专业性强的作业，电器、压力容器等特殊工种作业，应制定单项安全技术规程，并应对管理人员和操作人员的安全作业资格和身体状况进行合格检查。

制定和完善施工安全操作规程，编制各施工工种，特别是危险性较大工种的安全施工操作要求，作为规范、检查和考核员工安全生产行为的依据。

### 2. 安全教育培训

安全教育培训的内容。安全教育培训的主要内容包括：安全生产思想、安全知识、安全技能、安全规程标准、安全法规、劳动保护、环境保护和典型事例分析。

安全教育培训的要求。广泛开展安全施工的宣传教育，使全体员工真正认识到安全施工的重要性和必要性，懂得安全施工和文明施工的科学知识，牢固树立安全第一的思想，自觉地遵守各项安全生产法律法规和规章制度，把安全知识、安全技能、设备性能、操作规程、安全法律等作为安全教育培训的主要内容。

建立常态化的安全教育考核制度，将考核结果记入员工档案。

电工、电焊工、架子工、司炉工、爆破工、机操工、起重工、机械司机、机动车辆司机等特殊工种工人，除一般安全教育外，还要经过专业安全技能培训，经考试合格持证后，方可独立操作。

采用新技术、新工艺、新设备施工和调换工作岗位时，也要进行安全教育，未经安全教育培训的人员不得上岗操作。

### 3. 安全教育形式

新工人安全教育。三级安全教育是企业必须坚持的安全生产基本教育制度。每个刚进企业的新工人必须接受首次安全生产方面的基本教育，即三级安全教育。三级一般是指公司（企业）、项目（或工程处、施工队、工区）、班组这三级。三级安全教育一般是由企业的安全、教育、劳动、技术等部门配合进行的。受教育者必须经过考试，合格后才准予进入生产岗位；考试不合格者不得上岗工作，必须重新补课并进行补考，合格后方可工作。新工人工作一个阶段后还应进行重复性的安全再教育，加深安全感性、理性知识的认识。

公司安全教育。公司进行安全生产基本知识、法规、法治教育，其主要内容如下：国家的安全生产、劳动保护、环保方针政策法规；建设工程安全生产法规、技术规定、标准；本单位施工生产安全生产规章制度、安全纪律；本单位安全生产形势、历史上发生的重大事故及应吸取的教训；发生事故后如何抢救伤员、排险、保护现场和及时进行报告。

项目安全教育。项目进行现场规章制度和遵章守纪教育，其主要内容如下：建设工程施工生产的特点，施工现场的一般安全管理规定、要求；施工现场主要事故类别，常见多发性事故的特点、规律及预防措施，事故教训等；本工程项目施工的基本情况（工程类型、施工阶段、作业特点等），施工中应当注意的安全事项。

班组安全教育。班组安全生产教育，其主要内容如下：必要的安全和环保知识；本班组作业特点及安全操作规程；班组安全活动制度及纪律；爱护和正确使用安全防护装置（设施）及个人劳动防护用品；本岗位易发生事故的不安全因素及其防范对策；本岗位的作业环境及使用的机械设备、工具的安全要求。

变换工种安全教育。施工现场变化大，动态管理要求高，随着工程进度的进展，部分工人的工作岗位会发生变化，转岗现象较普遍。这种工种之间的互相转换，有利于施工生产的需要。但是，如果安全管理工作没有跟上，安全教育不到位，就可能给转岗工人带来伤害事故。凡改变工种或调换工作岗位的工人必须进行变换工种的安全教育，教育考核合格后方可上岗。其安全教育的主要内容是：本工种作业的安全技术操作规程，本班组施工生产的概况介绍。施工区域内各种生产设施、设备、工具的性能、作用、安全防护要求等。

转场安全教育。新转入施工现场的工作必须进行转场安全教育，教育时间不得少于8h，其主要内容如下：本工程项目安全生产状况及施工条件，施工现场中危险部位的防护措施及典型事故案例，本工程项目的安全管理体系及制度。

特种作业安全教育。特种作业是指容易发生人员伤亡事故，对操作者本人、他人及周围设施的安全有重大危害的作业。从事特种作业的人员必须经过专门的安全技术培训，经考试合格取得上岗操作证后方可独立作业。对特种作业人员的培训、取证及复审等工作严格执行国家、地方政府有关规定。

对从事特种作业的人员进行经常性的安全教育，时间为每月一次。专门的安全作业培训，是指由有关主管部门组织的专门针对特种作业人员的培训，也就是特种作业人员在独立上岗作业前，必须进行与本工种相适应的、专门的安全技术理论学习和实际操作训练。经培训考核合格，取得特种作业操作资格证书后，才能上岗作业。特种作业操作资格证书在全国范围内有效，离开特种作业岗位一定时间后，应当按照规定重新进行实际操作考核，经确认合格后方可上岗作业。

### 4. 施工现场安全管理

施工单位应当在施工现场入口处、施工起重机械、临时用电设施、脚手架、出入通道口、孔洞口、桥梁口、隧道口、基坑边沿、爆破物及有害危险气体和液体存放处等危险部位，设置明显的安全警示标志。安全警示标志必须符合国家标准。

现场的办公、生活区与作业区分开设置，并保持安全距离；办公、生活区的选址应当符合安全性要求。职工的膳食、饮水、休息场所等应当符合卫生标准。

施工单位应当在施工现场建立消防安全责任制度，确定消防安全责任人。制定用火、用电、使用易燃易爆材料等各项消防安全管理制度和操作规程。设置消防通道、消防水源，配备消防设施和足够有效的灭火器材，指定专门人员定期维护保持设备良好，并在施工现场入口处设置明显标志，建立消防安全组织，坚持对员工进行防火安全教育。

## （三）施工临时设施安全技术

### 1. 临时建筑搭建安全技术

设计应经工程项目经理部总工程师审核批准后方能施工，竣工后应由项目经理部负责人组织验收，确认合格并形成文件，方可使用。

使用装配式房屋应由有资质的企业生产，并持有合格证；搭设后应经检查、验收，确认合格并形成文件后，方可使用。

使用既有建筑应在使用前对其结构进行验算或鉴定，确认符合安全要求并形成文件后，方可使用。

临时建筑位置应避开架空线路、陡坡、低洼积水等危险地区，选择地质、水文条件良好的地方，并不得占压各种地下管线。

临时建筑应按施工组织设计中确定的位置、规模搭设，不得随意改变。

临时建筑搭设必须符合安全、防汛、防火、防风、防雨（雪）、防雷、防寒、环保、卫生、文明施工的要求。

施工区、生活区、材料库房等应分开设置，并保持消防部门规定的防火安全距离。

模板与钢筋加工场、临时搅拌站、厨房、锅炉房和存放易燃、易爆物的仓库等应分别独立设置，且必须满足防火安全距离等消防规定。

临时建筑的围护屏蔽及其骨架应使用阻燃材料搭建。

支搭和拆除作业必须纳入现场施工管理范畴，符合安全技术要求。支、拆临时建筑应编制方案；作业中必须设专人指挥，执行安全技术交底制度，由安全技术人员监控，保持安全作业。在不承重的轻型屋面上作业时，必须先搭设临时走道板，并在屋架下弦搭设水平安全网；严禁直踩踏轻型屋面。

临时建筑使用过程中，应由主管人员经常检查、维护，发现损坏必须及时修理，保持完好、有效。

施工前，应根据工程需要，确定施工临时供水方案，并进行临时供水施工设计，向供水管理单位申报临时施工用水水表，并经其设计、安装。施工现场临时供水设计应符合施工、生活、消防供水的要求。采用自备井供水，打井前应向水资源主管部门申报，并经批准。水质应经卫生防疫部门化验，符合现行《生活饮用水卫生标准》（GB 5749—2022）的规定方可使用，且应设置符合生产、生活、消防要求的贮水设施，对水源井应采取保护措施。

开工前，施工现场应根据工程规模、施工特点、施工用电负荷和环境状况进行施工用电设计或编制施工用电安全技术措施，并按施工组织设计的审批程序批准后实施。施工用电作业和用电设施的维护管理必须由电工负责，严禁非电工操作。

## 2. 道路便桥搭设安全技术

铺设施工现场运输道路。道路应平整、坚实，能满足运输安全要求。

道路宽度应根据现场交通量和运输车辆或行驶机械的宽度确定：汽车运输时，宽度不宜小于 3.5 m；机动翻斗车运输时，宽度不宜小于 2.5 m；手推车运输不宜小于 1.5 m。

道路纵坡应根据运输车辆情况而定，手推车不宜陡于 5%，机动车辆不宜陡于 10%。

道路的圆曲线半径：机动翻斗车运输时不宜小于 8 m；汽车运输时不宜小于 15 m；平板拖车运输不宜小于 20 m。

机动车道路的路面宜进行硬化处理。

现场应根据交通量、路况和环境状况确定车辆行驶速度，并于道路明显处设限速标志。

沿沟槽铺设道路，路边与槽边的距离应依施工荷载、土质、槽深、槽壁支护情况经验算确定，且不得小于 1.5 m，并设防护栏杆和安全标志，夜间和阴暗时尚须加设警示灯。

道路临近河岸、峭壁的一侧必须设置安全标志，夜间和阴暗时尚须加设警示灯。运输道路与社会道路、公路交叉时宜正交。在距社会道路、公路边 20 m 处应设交通标志，并满足相应的视距要求。

穿越电力架空线路时，应符合有关规定；穿越各种架空管线处，其净空应满足运输安全要求，并在管线外设限高标志。

穿越建（构）筑物处，其净空应满足运输安全要求，并在建（构）筑物外设限高、宽标志。

跨越河流、沟槽应架设临时便桥。施工前，应根据工程地质、水文地质、使用条件和现场情况，按照现行《公路桥涵钢结构及木结构设计规范》等有关规定，对便桥结构进行施工设计，经计算确定。

施工机械、机动车与行人便桥宽度应据现场交通量、机械和车辆的宽度，在施工设计中确定：人行便桥宽不得小于 80 cm；手推车便桥宽不得小于 1.5 m；机动翻斗车便桥宽不得小于 2.5 m；汽车便桥宽不得小于 3.5 m。

便桥两侧必须设不低于 1.2 m 的防护栏杆，其底部设挡脚板，栏杆、挡脚板应安设牢固。便桥桥面应具有良好的防滑性能，钢质桥面应设防滑层。便桥两端必须设限载标志。便桥搭设完成后应经验收，确认合格并形成文件后，方可使用。在使用过程中，应随时检查和维护，保持完好。

### 3. 钢筋混凝土施工安全技术

现场模板和钢筋加工场搭设。

加工场应单独设置，不得与材料库、生活区、办公区混合设置，场区周围设围挡。加工场不得设在电力架空线路下方。现场应按施工组织设计要求布置加工机具、料场与废料场，并形成运输、消防通道。加工机具应设工作棚，棚应具防雨（雪）、防风功能。

加工机具应完好，防护装置应齐全有效，电气接线应符合有关要求。操作台应坚固，安装稳固并置于坚实的地基上。加工场必须配置有效的消防器材，不得存放油、脂和棉丝等易燃品。含有木材等易燃物的模板加工场，必须设置严禁吸烟和防火标志。各机械旁应设置机械操作程序牌。加工场搭设完成，应经检查、验收，确认合格并形成文件后，方可使用。

现场混凝土搅拌站搭设。施工前，应对搅拌站进行施工设计。平台、支架、储料仓的强度、刚度、稳定性应满足搅拌站在拌和混凝土过程中荷载的要求。搅拌站不得搭设在电力架空线路下方。现场应按施工组织设计的规定布置混凝土搅拌机、各种料仓和原材料输送、计量装置，并形成运输、消防通道。现场混凝土搅拌站应单独设置，具有良好的供电、供水、排水、通风等条件与环保措施，周围应设围挡。搅拌机等机电设备应设工作棚，棚应具有防雨（雪）、防风功能。

搅拌机、输送装置等应完好，防护装置应齐全有效，电气接线应符合有关要求。搅拌站的作业平台应坚固，安装稳固并置于坚实的地基上。搅拌站应按消防部门的规定配置消防设施。搅拌机等机械旁应设置机械操作程序牌，现场应设废水预处理设施。搅拌站搭设完成，应经检查、验收，确认合格，并形成文件后，方可使用。

### 4. 冬期供暖要求

现场宜选用常压锅炉采取集中式热水系统供暖。采用电热供暖应符合产品使用说明书的要求，严禁使用电炉供暖。

现场不宜采用铁制火炉供暖，由于条件限制须采用时应符合下列要求：

供暖系统应完好无损。炉子的炉身、炉盖、炉门和烟道应完整无破损、无锈蚀；炉盖、炉门和炉身的连接应吻合紧密，不得设烟道舌门。炉子应安装在坚实的地基上。炉子必须安装烟筒。烟筒必须顺接安装，接口严密，不得倒坡。烟筒必须通畅，严禁堵塞。烟筒距地面高度宜为 2 m。烟筒必须延伸至房外，与墙距离宜为 50 cm，出口必须安设防止逆风装置。烟筒与房顶、电缆的距离不得小于 70 cm，受条件限制不能满足时，必须采取隔热措施；烟筒穿窗户处必须以薄钢板固定。房间必须安装风斗，风斗应安装在房屋的东南方。火炉及其供暖系统安装完成，必须经主管人员检查、验收，确认合格并颁发合格证后，方可使用。火炉应设专人添煤、管理，供暖燃料应采用低污染清洁煤，火炉周围应设阻燃材质的围挡，其距床铺等生活用具不得小于 1.5 m；严禁使用油、油毡引火。添煤时，添煤高度不得超过排烟出口底部，且严禁堵塞。

人员在房屋内睡眠前，必须检查炉子、烟筒、风斗，确认安全。供暖期间主管人员应定期检查炉子、烟筒、风斗，发现破损、裂缝、烟筒堵塞等隐患，必须及时处理，并确认安全。供暖期间应定期疏通烟筒，保持畅通，严禁敞口烧煤、木料等可燃物取暖。

### 5. 市政工程拆迁要求

拆迁施工必须由具有专业资质的施工企业承担。

拆除施工必须纳入施工管理范畴。拆除前必须编制拆除方案，规定拆除方法、程序、使用的机械设备、安全技术措施。拆除时必须执行方案的规定，并由安全技术管理人员现场检查、监控，严禁违规作业。拆除后应检查、验收，确认符合要求。

房屋拆除，必须依据竣工图纸与现况，分析结构受力状态，确定拆除方法与程序，经房屋产权管理单位签认后，方可实施，严禁违规拆除。

现场各种架空线拆移，应结合工程需要，征得有关管理单位意见，确定拆移方案，经建设（监理）、房屋产权管理单位签认后，方可实施。

现场各种地下管线拆移，必须向规划和管线管理单位咨询，查阅相关专业技术档案，掌握管线的施工年限、使用状况、位置、埋深等，并请相关管理单位到现场交底，必要时应在管理单位现场监护下做坑探。在明了情况基础上，与管理单位确定拆移方案，经规划、建设（监理）、管理单位签认后，方可实施。实施中应请管理单位派人做现场指导。

道路、公路、铁路、人防、河道、树木（含绿地）等及其相关设施的拆移，应根据工程需要征求各管理部门（单位）对拆迁措施的意见，商定拆移方案，经建设（监理）、管理部门（单位）批准或签认后，方可实施。

采用非爆破方法拆除时，必须自上而下、先外后里，严禁上下、里外同时拆除。

拆除砖、石、混凝土建（构）筑物时，必须采取防止残渣飞溅危及人员和附近建（构）筑物、设备等安全的保护措施，并随时洒水减少扬尘。

使用液压振动锤、挖掘机拆除建（构）筑物时，应使机械与被拆建（构）筑物之间保持安全距离；使用推土机拆除房屋、围墙时，被拆物高度不得大于2 m，施工中作业人员必须位于安全区域。

切割拆除具有易燃、易爆和有毒介质的管道或容器时，必须首先切断介质供给源，管道或容器内残留的介质应根据其性质采取相应的方法清除，并确认安全后，方可拆除。遇带压管道或容器时，必须先泄除压力，确认安全后，方可切割。

采用爆破方法拆除时，必须明确对爆破效果的要求，选择有相应爆破设计资质的企业，依据现行《爆破安全规程》等的有关规定、进行爆破设计，编制爆破设计书或爆破说明书，并制订爆破专项施工方案，规定相应的安全技术措施，报主管和有关管理单位审批，并按批准要求由具有相应施工资质的企业进行爆破。

各项施工作业范围，均应设围挡或护栏和安全标志。

### 6. 临边防护安全要求

防护栏杆应由上、下两道栏杆和栏杆柱组成，上杆离地高度应为1.2 m，下杆离地高度应为50~60 cm。栏杆柱间距应经计算确定，且不得大于2 m。

杆件的规格与连接。木质栏杆上杆梢径不得小于7 cm，下杆梢径不得小于6 cm，栏杆柱梢径不得小于7.5 cm，并以不小于12号的镀锌钢丝绑扎牢固，绑丝头应顺平向下。钢筋横杆上杆直径不得小于16 mm，下杆直径不得小于14 mm，栏杆柱直径不得小于18 mm，采用焊接或镀锌钢丝绑扎牢固，绑丝头应顺平向下。钢管横杆、栏杆柱均应采用直径48×（2.75~3.5）mm的管材，以扣件固定或焊接牢固。

栏杆柱的固定。在基坑、沟槽四周固定时，可采用钢管并锤击沉入地下不小于50 cm深。钢管离基坑、沟槽边沿的距离，不得小于50 cm。在混凝土结构上固定，采用钢质材料时可用预埋件与钢管或钢筋焊牢；采用木栏杆时可在预埋件上焊接30 cm长的L50×5角钢，其上、下各设一孔，以直径10 mm螺栓与木杆件拴牢。栏杆的整体构造和栏杆柱的固定，应使防护栏杆在任何处能承受任何方向的1000N外力。防护栏杆的底部必须设置牢固的、高度不低于18 cm的挡脚板，挡脚板下的空隙不得大于 1 cm。挡脚板上有孔眼时，孔径不得大于 2.5 cm。

高处临街的防护栏杆必须加挂安全网，或采取其他全封闭措施。

**7. 高处作业安全技术**

（1）悬空作业必须有牢靠的立足处和相应的防护设施，并应遵守下列规定：

作业处，一般应设作业平台。作业平台必须坚固，支撑牢固，临边设防护栏杆。上下平台必须设攀登设施。单人作业，高度较小，且不移位时，可在作业处设安全梯等攀登设施。作业人员应使用安全带。电工登杆作业必须戴安全帽、系安全带、穿绝缘鞋，并佩戴脚扣。使用专用升降机械时，应遵守机械使用说明书的规定，并制定相应的安全操作规程。

（2）上下高处和沟槽（基坑）必须设攀登设施，并应遵守下列规定：

现场自制安全梯应符合下列要求：

梯子结构必须坚固，梯梁与踏板的连接必须牢固。梯子应根据材料性能进行受力验算，其强度、刚度、稳定性应符合相关结构设计要求；攀登高度不宜超过 8 m；梯子踏板间距宜为 30 cm，不得缺档；梯子净宽宜为 40~50 cm；梯子工作角度宜为 75°±5°；梯脚应置于坚实基面上，放置牢固，不得垫高使用。梯子上端应有固定装置；梯子须接长使用时，必须有可靠的连接措施，且接头不得超过一处。连接后的梯梁强度、刚度，不得低于单梯梯梁的强度、刚度。

采用固定式直爬梯时，爬梯应用金属材料制成。梯宽宜为 50 cm，埋设与焊接必须牢固。梯子顶端应设 1.0~1.5 m 高的扶手。攀登高度超过 7 m 以上部分宜加设护笼；超过 13 m 时，必须设梯间平台。

人员上下梯子时，必须面向梯子，双手扶梯；梯子上有人时，他人不宜上梯。

沟槽、基坑施工现场可根据环境状况修筑人行土坡道供施工人员使用。人行土坡道应符合下列要求：

坡道土体应稳定、坚实，宜设阶梯，表层宜硬化处理，无障碍物；宽度不宜小于 1 m，纵坡不宜陡于 1：3；两侧应设边坡，沟槽（基坑）侧无条件设边坡时，应根据现场情况设防护栏杆；施工中应采取防扬尘措施，并经常维护，保持完好。

（3）上下交叉作业时的下作业层顶部和临时通行孔道的顶部必须设置防护

棚，并应遵守下列规定：

防护棚应坚固，其结构应经施工设计确定，能承受风荷载。采用木板时，其厚度不得小于 5 cm。防护棚的长度与宽度应依下层作业面的上方可能坠落物的高度情况而定：上方高度为 2~5 m 时，不得小于 3 m；上方高度大于 5 m 小于 15 m时，不得小于 4 m；上方高度在 15~30 m 时，不得小于 5 m，上方高度大于 30 m时，不得小于 6 m。防护棚应支搭牢固、严密。

### 8. 线路架设要求

（1）架设架空线路应遵守下列规定：架空线路应采用绝缘导线架设，线路导线截面应满足计算负荷、线路末端电压损失（不大于 5%）和机械强度的要求。架空线路的档距不宜大于 35 m；线间距离不得小于 30 cm。架空线路导线与地面的最小距离，在最大弧垂时应符合规定。

（2）立杆和撤杆应符合下列要求：

作业前应以杆坑为中心，将 1.2 倍杆长范围内划定为作业区，非作业人员不得入内；吊杆时，吊点应距电杆顶部 1/2 至 1/3 处；电杆就位后，应立即分层回填夯实，待确认电杆稳固后，方可撤除吊绳。

放线、紧线、撤线应符合下列要求：

跨越电力和通信线路、铁路、道路等处放、撤线时，应事先与相应管理单位联系，经同意后方可进行；放线架和线盘应放置稳固，导线应从线盘上方引出。放线时，线盘处应设专人负责，放线速度应缓慢、均匀；在架设线路附近有带电的导线和设备时，应采取防止导线弹、碰附近带电体的措施。

在无拉线的电杆上紧线时，必须先设置临时拉线。紧线时，应设专人监护，确认安全；紧线人员应站位于导线外侧，紧线应缓慢，横担两侧导线应同时收紧，导线弛度误差不得大于规定值的 5%；撤线时，应先解直线杆的绑线，后撤终端杆绑线。解终端杆绑线前，必须先用绳索将导线拴牢、拉紧后，方可将导线慢慢放下，禁止直接剪断导线大放；作业中严禁人员在导线下方。

（3）登杆作业应符合下列要求：作业前应检查线杆及其埋设情况，确认线杆稳固。新立电杆的杆基未夯实前禁止登杆。现场应设作业区，非作业人员不得入内。登杆人员必须系安全带，并按规定配备相应防护用品、用具。靠杆支设梯子作业，梯子上部必须与杆捆绑牢固。在带电线路上作业时，登杆前必须确认线路的电压等级和相线、中性线，作业人员必须保持与带电体的安全距离，并设专人监护。遇雷雨、大雾、沙尘暴和风力六级（含）以上等恶劣天气时，必须停止登杆作业。

电缆铺设应遵守下列规定：

电缆应采用埋地或架空铺设，不得沿地面明设。电缆埋地时，其深度不得小于 60 cm，电缆上下应铺盖软土或砂土，其总厚度不得小于 10 cm，并应盖盖板或砖保护。电缆进出构筑物、穿越道路处和引出地面竖向高度 2 m（含）以下部分，应穿保护套管。橡套电缆架空时，应沿墙或电杆用绝缘子固定，严禁使用金属裸线绑扎，电缆最大弧垂处距地面不得小于 2.5 m。电缆接头应牢固可靠，并应做绝缘包扎，保持绝缘强度，不得承受张力。

电缆进行绝缘预防性试验和用兆欧表摇测绝缘后，必须及时放电。

## （四）施工安全检查

### 1. 安全检查主要内容

（1）查管理

检查工程的安全施工管理是否有效。主要检查内容包括：安全施工责任制、安全技术措施计划、安全组织机构、安全保证措施、安全技术交底、安全教育、安全持证上岗、安全设施、安全标志、操作行为、违规管理、安全记录等。

（2）查思想

检查企业的领导和职工对安全施工的认识。

（3）查隐患

检查作业现场是否符合安全施工、文明施工的要求。

（4）查事故处理

对安全事故的处理应达到查明事故原因、明确责任并对责任者做出处理、明确和落实整改措施等要求。同时还应检查对伤亡事故是否及时报告、认真调查、严肃处理。

安全检查的重点是违章指挥和违章作业。安全检查后应编制安全检查报告，说明已达标项目，未达标项目，存在问题，原因分析，纠正和预防措施。

## 2. 安全检查目的

通过检查，可以发现施工（生产）中的不安全（人的不安全行为和物的不安全状态）、不卫生问题，从而采取对策，消除不安全因素，保障安全生产。

利用安全生产检查，进一步宣传、贯彻、落实党和国家安全生产方针、政策和各项安全生产规章制度。

安全检查实质也是一次群众性的安全教育。通过检查，增强领导和群众安全意识，纠正违章指挥、违章作业，提高搞好安全生产的自觉性和责任感。

预防伤亡事故频率或把事故降下来，把伤亡事故频率和经济损失降到低于社会允许的范围及国际同行业的先进水平。

不断改善生产条件和作业环境，达到最佳安全状态。但是，由于安全隐患是与生产同时存在的，因此，危及劳动者的不安全因素也同时存在，事故的原因也是复杂和多方面的。为此，必须通过安全检查对施工（生产）中存在的不安全因素进行预测、预报和预防。

## 3. 安全检查类型

安全检查可分为日常性检查、专业性检查、季节性检查、节假日前后的检查和不定期检查。

日常性检查即经常的、普遍的检查。企业一般每年进行 1~4 次；工程项目部每月至少进行一次；班组每周、每班次都应进行检查。专职安全人员的日常检查应该有计划，针对重点部位周期性地进行。

企业内部必须建立定期分级安全检查制度，由于企业规模、内部建制等不同，要求也不能千篇一律。一般中型以上的企业（公司），每季度组织一次安全检查；工程处（项目部、附属厂）每月或每周组织一次安全检查。每次安全检查应由单位领导或总工程师（技术领导）带队，由工会、安全、动力设备、保卫等部门派员参加。这种制度性的定期检查内容，属全面性和考核性的检查。

季节性检查是指根据季节特点，为保障安全施工的特殊要求所进行的检查。如春季风大，要着重防火、防爆；夏季高温多雨、雷电，要着重防暑、降温、防汛、防雷击、防触电；冬季要着重防寒、防冻等。

经常性的安全检查。在施工（生产）过程中进行经常性的预防检查，能及时发现隐患，消除隐患，保证施工（生产）的正常进行，通常有：班组进行班前、班后岗位安全检查；各级安全员及安全值班人员日常巡回安全检查；各级管理人员在检查生产同时检查安全。

专业性检查是针对特种作业、特种设备、特殊场所进行的检查，如电焊、气焊、起重设备、运输车辆、锅炉压力容器、易燃易爆场所等。

### 4. 安全检查注意事项

安全检查要深入基层，紧紧依靠职工，坚持领导与群众相结合的原则，组织好检查工作。

建立检查的组织领导机构，配备适当的检查力量，挑选具有较高技术业务水平的专业人员参加。

明确检查的目的和要求。既要严格要求，又要防止一刀切，要从实际出发，分清主次矛盾，力求实效。

把自查与互查有机结合起来，形成有效的监督检查机制。基层以自检为主，企业内相应部门间互相检查，取长补短，相互学习和借鉴。

# 第二节 市政给水排水工程施工项目管理

## 一、市政施工项目管理

### （一）施工项目管理

#### 1. 施工项目管理概念

施工项目管理是以施工项目为管理对象，以项目经理责任制为中心，以合同为依据，按施工项目的内在规律，实现资源的优化配置和对各生产要素进行有效的计划、组织、监督、控制、协调，取得最佳的经济效益的全过程管理。

施工项目是指施工企业自工程施工投标开始到保修期满为止的全过程项目，是一个建设项目或单项工程或单位工程的施工任务及成果。

## 2. 施工项目管理主要特点

施工项目管理的内容、范围与其他建设工程管理活动不同，是构成施工项目管理活动的基本特征。

（1）施工项目管理的对象是施工项目

施工项目是一种特殊的商品，具有一定的周期性，它包括工程投标、签订工程项目承包合同、施工准备、施工以及交工验收及保修等阶段。施工项目管理的主要特殊性是买卖双方都投入生产管理，生产活动和交易活动很难分开，其复杂性和艰难性都是其他生产管理所不能相比的。

（2）施工项目管理的主体是施工承包企业

建设单位和设计单位为施工提供项目、资金、服务、图纸资料等，监理单位把施工承包企业的施工活动作为监督对象，虽然这些活动都与施工项目有关，但不是直接从事施工项目的管理。

（3）施工项目管理具有阶段性

施工项目管理的内容是按阶段变化的。因此，管理者必须做出设计、签订合同、提出措施、进行有针对性的动态管理，并使资源优化组合，以提高施工效率和施工效益。

（4）施工项目管理强调协调工作

由于施行项目的生产活动具有单件性特点，参与施工的人员不断在流动，需要采取特殊的流水方式，组织工作量很大；由于施工在露天进行，工期长，需要的资源多；还由于施工活动涉及复杂的经济关系、技术关系、法律关系、行政关系和人际关系等，故施工项目管理中的组织协调工作最为艰难、复杂、多变，必须通过强化组织协调的办法才能保证施工顺利进行。主要强化方法是优选项目经理，建立调度机构，配备称职的调度人员，努力使调度工作科学化、信息化，建立起动态的控制体系。

## 3. 施工项目管理内容

施工项目管理是全方位的管理过程，要求项目管理者对施工项目的范围、生产进度、质量、安全、成本、人力资源、采购、信息等方面都要纳入正规化、标准化管理，体现计划、实施、检查、控制的持续改进过程，使施工项目各项工作有条不紊、顺利地进行。施工项目管理主要包括以下内容：

（1）施工项目管理实施规划必须由项目经理组织项目经理部在工程开工之前编制完成。项目管理实施规划应依据下列资料编制：项目管理规划大纲、项目管理目标责任书、施工合同。

（2）施工项目管理实施规划应符合下列要求：项目经理签字后报组织管理层审批、与各相关组织的工作协调一致、进行跟踪检查和必要的调整、项目结束后形成总结文件。

（3）施工项目管理规划的主要内容如下：

项目概况描述的内容包括：根据招标文件、设计文件提供的信息，对工程特征、使用功能、建设规模、投资规模、建设意义的综合描述。

施工部署的内容包括：项目的质量、进度、成本及安全目标；拟投入的最高人数和平均人数；分包计划、劳动力使用计划、材料供应计划、机械设备供应计划；施工程序；项目管理总体安排。

管理目标描述的内容包括：施工合同要求的目标，承包人自己对项目的规划目标。

资源需求计划的内容包括：劳动力需求计划；主要材料和周转材料需求计划；机械设备需求计划；预制品订货和需求计划；大型工具、器具需求计划。

工期目标规划和施工总进度计划的内容包括：招标文件要求的总工期目标及其分解，主要的里程碑事件及主要施工活动的进度计划，施工进度计划表，保证进度目标实现的措施等。

施工平面图的内容包括：施工平面图说明、施工平面图、施工平面图管理规划。施工平面图应按现行制图标准和制度要求进行绘制。

安全目标规划的内容包括：安全责任目标，施工过程中不安全因素分析，安全技术组织措施。

施工技术组织措施计划的内容包括：保证进度目标的措施；保证质量目标的措施；保证安全目标的措施；保证成本目标的措施；保证雨、冬期施工的措施；保护环境的措施；文明施工措施。各项措施应包括技术措施、组织措施、经济措施及合同措施。

项目风险管理规划的内容包括：风险管理的原则，预测施工项目的主要风险因素及采取的应对措施。

信息管理规划的内容包括：与项目组织相适应的信息流通系统、信息中心的建立规划、项目管理软件的选择与使用规划、信息管理实施规划。

项目现场管理规划和施工平面图的内容包括：施工现场情况描述，施工现场平面特点、平面布置的原则，施工现场管理目标、原则、主要技术组织措施，施工平面图及其说明。

技术经济指标的计算与分析的内容包括：规划的指标、规划指标水平高低的分析和评价、实施难点的对策。

投标及签订施工合同规划的内容包括：投标和签订合同的总体策划，工作原则，投标小组成，合同谈判组成员，谈判策略，投标和签订合同的总体计划安排。

文明施工及环境保护规划，其中包括文明施工及环境保护的原则、目标，主要组织措施和拟采用的方法等。

（4）施工项目管理实施规划的内容：

工程概况描述：工程特点、建设地点及环境特征、施工条件、项目管理特点及总体要求。

施工部署：该项目的质量、进度、成本及安全总目标；拟定投入的最高人数和平均人数；分包规划，劳动力规划，材料供应规划，机械设备供应规划；施工程序；项目管理总体安排，包括组织、制度、控制、协调、总结分析与考核。

施工方案：施工流向和施工顺序、施工阶段划分、施工方法和施工机械选择、安全施工设计、环境保护内容及方法。

资源供应计划：劳动力、主要材料、周转材料、机械设备、大型工具、器具供应计划；预制品订货和供应计划。

施工准备工作计划：施工准备工作组织及时间安排、技术准备及质量计划、施工现场准备、作业队伍和管理人员的组织准备、物资准备、资金准备。

施工技术组织措施计划：保证质量目标的措施、保证进度目标的措施、保证安全目标的措施、保证成本目标的措施、季节施工措施、环境保护措施、文明施工措施。各项计划均包括技术措施、组织措施、经济措施及合同措施。

施工项目风险管理规划：风险因素识别一览表、风险出现的概率及损失估计、风险管理重点、风险防范对策、风险管理责任等。

信息管理：与项目组织相适应的信息流通系统、信息中心的建立。

（5）施工项目的目标控制。施工项目的目标有阶段性目标和最终目标。实现各项目标是施工项目管理的目的。所以它应当坚持以控制论原理和理论为指导，进行全过程的科学控制。

项目目标控制的基本方法是"目标管理方法"，其本质是以目标指导行动。

目标和控制措施是在项目管理实施规划的基础上确定的，项目管理实施规划以项目管理目标责任书中确定的目标为依据编制。

各项目标是各自独立的，它们之间是对立统一的关系，强调哪一个都会影响到其他指标的实现。

项目目标控制要以执行法律、法规、标准、规范、制度等作为灵魂，以组织协调为动力，以合同管理、信息管理为手段，以现场管理和生产要素管理为保证。

进行各项目标控制必须防范风险，要以项目管理规划中的目标规划为依据，实施风险对策方案，加强检查，不断进行信息反馈。

（6）施工项目生产要素的管理。施工项目的劳动要素是施工项目目标得以实现的保证，它主要包括：人力资源、材料、机械设备、资金和技术（即 5 m）。

施工项目人力资源管理指施工企业或项目经理部对项目形成过程的各个环节和各个方面的人员进行合同的计划、组织、指挥、协调、控制等工作。

施工项目材料管理。项目经理部为顺利完成工程项目施工任务，合同使用和节约材料，努力降低材料成本所进行的材料计划、订货采购、运输、库存保管、供应加工、使用、回收等一系列的组织和管理工作。

施工项目机械设备管理指项目经理部根据所承担施工项目的具体情况，科学优化选择和配备施工机械，并在生产过程中全责使用、维修保养等各项管理工作。

施工项目资金管理指施工项目经理部根据工程项目施工过程中资金运动的规律，进行资金收支预测、编制资金计划、筹集投入资金、资金使用、资金核算与分析等一系列资金管理工作。

施工项目技术管理。项目经理部在项目施工的过程中，对各项技术活动过程和技术工作的各种要素进行科学管理的总称。

施工项目生产要素的主要内容：分析各项劳动要素的特点；按照一定原则、方法对施工项目劳动要素进行优化配置，并对配置状况进行评价；对施工项目的各项劳动要素进行动态管理；进行施工现场平面图设计，做好现场的调度与管理。

（7）施工项目合同管理。由于施工项目管理是在市场条件下进行的特殊交易活动的管理，合同管理体制的好坏直接涉及项目管理及工程施工的技术经济效果和目标实现。工程项目从招标、投标工作开始，并贯穿项目管理的全过程，必须依法签订合同，进行履约经营。因此合同管理是一项执法、守法活动，市场有国内市场和国际市场，因此合同管理势必涉及国内和国际上有关法规和合同文本、合同条件，在合同管理中应予高度重视。为了取得经济效益，还必须注意搞好工程索赔，讲究方法和技巧，为获取索赔提供充分的证据。因此要从招标、投标开始，加强工程承包合同的签订、履行管理。

（8）施工项目信息管理。项目信息管理旨在适应项目管理的需要，为预测未来和正确决策提供依据，提高管理水平。项目经理部应建立项目信息管理系统，优化信息结构，实现项目管理信息化。项目信息包括项目经理部在项目管理过程中形成的各种数据、表格、图纸、文字、音像资料等。

（9）施工项目现场管理。施工现场的管理对于节约材料、节省投资、保证施工进度、创建文明工地等方面都至关重要。

现场管理的主要内容如下：规划及报批施工用地、设计施工平面图、建立施工项目管理组织、建立文明施工现场、及时清场转移。

施工企业应对施工现场进行科学有效管理，以达到文明施工、保护环境、塑造良好企业形象、提高施工管理水平的目的。

（10）施工项目组织协调。在整个施工项目中有诸多的协调工作，包括：施工项目目标因素之间的协调、各专业技术方面的协调、项目实施过程的协调、管理方法和管理过程的协调、各种管理职能如成本、合同、工期、质量等协调、施工项目内外参与者的协调等。

在施工项目实施过程中，应进行组织协调，沟通和处理好内部及外部的各种关系，排除种种干扰和障碍，保证计划目标的实现。

### (二) 项目管理组织概述

#### 1. 组织

"组织"既可作为组织机构来认识，也可以理解为组织行为。作为组织机构，组织是为了实现某种既定目标而结合在一起的具有正式关系的一群人，这种关系是指正式的有意形成的职务或职位结构，这群人具有一定的专业技术、管理技能，处于明确的管理层次，具有相对稳定的职位。将组织理解为组织行为，即设计、建立并维持一种科学的、合理的组织结构，是一系列不断变化与调整的组织行为的序列。

#### 2. 施工项目管理组织

施工项目管理组织，是指为进行施工项目管理、实现组织职能而进行组织系统的设计与建立、组织运行和组织调整三个方面。它是由人、单位、部门组织起来的群体，按项目管理职能设置职位或部门，按项目管理流程完成属于各自管理职能内的工作。组织系统的设计与建立是指通过筹划、设计，建立一个可以完成施工项目管理的组织机构，建立必要的规章制度，划分并明确岗位、层次、部门的责任和权力，建立和形成管理信息系统及责任分担系统，并通过一定岗位和部门内人员的规范化的活动和信息流通实现组织目标。

#### 3. 组织基本要素

人力资源是构成组织的第一要素，由于分工的不同，组织中出现了不同的工作岗位，这些工作岗位是由人来担任的。项目目标决定了工作任务，由工作任务确定了工作岗位，由工作岗位选择了承担者，而由承担者形成了组织。

组织目标是组织存在的依据，没有了组织的目标，组织也就失去了存在的必要。目标决定了组织中的工作内容和工作分工，从而决定了组织中的岗位设置及组织的具体结构形式。

组织规范表现为组织的方针政策和规章制度等，每个组织都有约束组织中成员行为和组织行为的组织规范，通过组织规范使组织成员和组成整体的行为能有利于组织目标的实现。

### 4. 组织基本内容

组织设计，选定一个合理的组织系统，划分各部门的权限和职责，确立各种规章制度。

组织结构模式，反映了一个组织系统中各子系统之间或各元素（各工作部门）之间的指令关系。常用的组织结构模式包括职能组织结构、线性组织结构和矩阵组织结构。

组织运行，就是按分担的责任完成各自的工作，规定各组织体的工作顺序和业务管理活动的运行过程。组织运行要抓好三个关键性问题：一是人员配置；二是业务接口关系；三是信息反馈。

工作流程组织，反映一个组织系统中各项工作之间的逻辑关系，是一种动态关系。在一个建设工程项目实施过程中，其管理工作的流程、信息处理的流程，以及设计工作、物资采购和施工的流程组织都属于工作流程组织的范畴。

组织调整，组织调整是指根据工作的需要、环境的变化，分析原有的工程项目组织系统的缺陷、适应性和效率性，对原组织系统进行调整和重新组合，包括组织形式的变化、人员的变动、规章制度的修订或废止、责任系统的调整以及信息流通系统的调整等。

## （三）项目组织机构设置原则

组织机构设置的目的是进一步充分发挥项目管理功能，为项目管理服务，提高项目管理的整体效率以达到项目管理的最终目标。因此，企业在项目施工中合理设置项目管理组织机构是一个至关重要的问题。高效率项目管理体系和组织机构的建立是施工项目管理成功的组织保证。项目组织机构的设置应遵循以下原则：

### 1. 高效精干原则

工程项目组织应尽量简化机构，做到精干高效，以能实现工作任务为原则。人员聘用要力求一专多能、一人多职，避免人浮于事，增加成本，同时要注意在岗培训和继续教育，提高项目管理组织成员的素质。

### 2. 管理跨度与分层统一原则

项目管理组织机构设置、人员编制是否得当合理，关键是根据项目大小确定管理跨度的科学性。同时大型项目经理部的设置,要注意适当划分几个层次,使每一个层次都能保持适当的工作跨度,以便各级领导集团力量在职责范围内实施有效的管理。

### 3. 业务系统化原则

施工项目是一个开放的系统,这一系统由众多子系统组成,各子系统之间,子系统内部各专业之间,不同组织、工种、工序之间必须合作,共同完成施工项目。这就要求项目组织必须是高效灵活、运转自如的系统结构,以业务工作系统化原则做指导,周密考虑分层与跨度的关系、处理好部位划分、授权范围、人员配备及信息沟通等方面的工作,使组织机构有恰当的管理职责和职能分工,形成一个相互制约、相互联系的有机整体,避免产生职能权限和信息沟通相互矛盾、遗漏或重叠的问题。

### 4. 目的性原则

项目管理组织机构设置和定员编制的根本目的在于保证项目管理目标的实施。所以,应按目标需要设办事机构,按办事职责范围而确定人员编制多少。坚持因事设岗、按岗定人、以责授权,这是目前施工企业推行项目管理进行体制改革中必须解决的重点问题。

### 5. 适用性与灵活性相结合原则

每个项目都有其特点,应根据项目管理需要选择并建立适用的组织结构,发挥组织功能,保证项目管理需要。由于施工项目具有产品的单件性、施工的阶段性、人员流动性强、露天作业多、工程变更频繁等特点,必然带来工作量、质量等需求的变化,导致资源配置及管理细节的变化。由于变化是绝对的,这就要求管理方法和组织机构能随之进行调整,使其适应新的需要。

## (四) 组织与目标关系

### 1. 组织措施影响项目目标

控制项目目标的主要措施包括组织措施、管理措施、经济措施和技术措施,其中组织措施是最重要的措施。如果对一个建设工程的项目管理进行诊断,首先应分析其组织方面存在的问题。

## 2. 系统的目标决定了系统的组织

系统的组织包括系统的组织结构模式和组织分工以及工作流程组织。如果把一个建设工程的项目管理视作一个系统，其目标决定了项目管理的组织，而项目管理的组织是项目管理目标能否实现的决定性因素。

## 3. 项目目标的实现受多种因素的共同影响

影响一个系统目标实现的主要因素除了组织以外，还有人的因素以及生产和管理的方法与工具等诸多因素，组织因素并不能取代其他因素的作用。

## （五）施工企业项目经理

### 1. 施工企业项目经理工作性质

随着社会主义市场经济的建立和项目管理的不断深化，施工企业已初步形成了"两线一点"的承包经营体系。为适应市场经济要求，真正做到产权清晰、责权明确、政企分开、管理科学，近年来建筑施工企业加强了项目经理岗位责任制。

施工企业项目经理，是指受企业法定代表人委托对工程项目施工过程全面负责的项目管理者，是施工企业法定代表人在工程项目上的代表人。项目经理岗位是保证工程项目建设质量、安全、工期的重要岗位。

### 2. 施工企业项目经理职责

代表企业实施施工项目管理，贯彻执行国家法律、法规、方针、政策和强制性标准，履行"项目管理目标责任书"规定的任务，组织编制项目管理实施规划，对进入现场的生产要素进行优化配置和动态管理，建立质量管理体系和安全管理体系并组织实施。在授权范围内负责与企业管理层、劳务作业层、各协作单位、发包人、分包人和监理工程师等的协调，解决项目中出现的问题，进行现场文明施工管理；发现和处理突发事件，参与工程竣工验收，准备结算资料和分析总结；接受审计，处理项目经理部的善后工作，协助企业进行项目的检查、鉴定和评奖申报。

### 3. 施工企业项目经理的任务

贯彻执行国家和工程所在地政府的有关法律、法规和政策，执行企业的各项管理制度，严格财务制度，加强财经管理，正确处理国家、企业与个人的利益关系。执行项目承包合同中由项目经理负责履行的各项条款；对工程项目施工进行有效控制，执行有关技术规范和标准，积极推广应用新技术，确保工程质量和工期，实现安全、文明生产，努力提高经济效益；协调本组织机构与各协作单位之间的协作配合及经济、技术工作，在授权范围内代理（企业法人）进行有关签证，并进行相互监督、检查，确保质量、工期、成本控制和节约；建立完善的内部及对外信息管理系统；按合同要求实施工程，处理好合同变更、洽商纠纷和索赔，处理好总分包关系，搞好与有关单位的协作配合，与建设单位的相互监督。

**4. 施工企业项目经理的责任**

工程项目施工应建立以项目经理为首的生产经营管理系统，实行项目经理负责制。项目经理在工程项目施工中处于中心地位，对工程项目施工负有全面管理的责任。要加强对建筑企业项目经理市场行为的监督管理，对发生重大工程质量安全事故或市场违法违规行为的项目经理，必须依法予以严肃处理。

## 二、市政工程施工组织设计

### （一）施工组织设计概念

施工组织设计是一项重要的技术、经济管理性文件，也是施工企业的施工实力和管理水平的综合体现。它对管道工程项目施工全过程的质量、进度、技术、安全、经济和组织管理起着重要的控制作用。

### （二）施工组织设计内容

**1. 工程概况**

工程概况是对工程的一个简单扼要、突出重点的文字介绍，主要阐述施工现场的地形、地貌、工程地质与水文地质条件；管道的长度、结构形式、管材、工程量、工期要求；拟投入的人力、物力等。有时，为了弥补文字介绍的不足，还要附加图、表来表示。

**2. 施工方案的选择**

施工方案是施工组织设计的核心内容，必须根据管道工程的质量要求和工期要求，结合材料、机具和劳动力的供应情况，以及协作单位的配合条件和其他现场条件综合考虑确定。施工方案合理与否将直接影响工程的施工效率、质量、工期和技术经济效果。因此，施工前应拟订几个切实可行的施工方案，并进行技术经济比较，从中选择最优方案作为本工程的施工方案。

### 3. 施工进度计划编制

施工进度计划是控制工程施工进度和工程开、竣工期限等各项施工活动的依据，施工组织工作中的其他有关问题也都要服从进度计划的要求。

施工进度计划反映了工程从施工准备工作开始，直到工程竣工为止的全部施工过程，反映了各工序之间的衔接关系。所以，施工进度计划有助于领导部门抓住关键，统筹全局，合理布置人力和物力，正确指导施工的顺利进行；有利于工人群众明确目标，更好地发挥主观能动作用和主人翁精神；有利于施工企业内部及时配合，协同施工。

### 4. 准备工作计划编制

准备工作包括为该管道工程施工所做的技术准备、现场准备，机械、设备、工具、材料、加工件的准备等，应编制施工准备工作计划表。

### 5. 施工平面图绘制

施工平面图是按照一定的原则、一定的比例和规定的符号绘制而成的平面图形，用来表示管道工程施工中所需的施工机械、加工场地、材料仓库和料场以及临时运输道路、临时供排水、供电、供热管线和其他临时设施的位置、大小与布置方案。

### 6. 技术经济指标

技术经济指标是在施工管理中对已确定的施工方案进行的一项全面综合性的经济评价，也是对施工管理水平的一项评价。管道工程施工的技术经济指标主要包括：施工工期、劳动生产率、劳动力不均衡系数、工程质量、安全生产指标、设备机具的利用率、材料的节约率、施工成本的降低率等。

# 第六章 市政给水排水工程施工创新与维护

## 第一节　市政给水排水工程施工创新

### 一、市政给排水施工中 HDPE 管施工工艺

市政给排水工程影响城市的用水和排水，关系到城市的生产、生活等多个方面，在城市建设中具有不可替代的作用。当前市政给排水施工所采用的材料为 HDPE 管，这种材料由于具有自身的优点而在给排水施工中得到了广泛的应用。

市政工程的给排水施工中 HDPE 管的施工工艺影响施工的质量和效果，因此 HDPE 管的施工工艺优化显得尤为重要。当前 HDPE 管施工工艺已趋于成熟，但 HDPE 管的施工水平仍有待加强，需要与市政施工给排水的需求相互协调和适应。

#### （一）HDPE 管概述

HDPE 管，学名是高密度聚乙烯，"High-Density Polyethylene" 是它的英文名称。HDPE 管是一种新型的化学合成管材，它的外壁结构是波纹环状的，内壁触感平滑，常常应用于给排水工程和建筑工程的施工。HDPE 管是一种非极性、结晶度高的热塑性树脂。HDPE 管的电性能较好，尤其是绝缘介电强度高，常常应用于电线电缆中。原态 HDPE 的外表为乳白色，在微薄截面中为半透明状的表现。根据管壁结构的特点，HDPE 管的规格分为两种，分别是缠绕型增强管和双壁型波纹管。

HDPE 管的使用改变了过去以钢铁管材、聚氯乙烯作为饮水管的现状，HDPE 管需要承受适当的压力，一般会选择分子量大且机械性能强的 PE 树脂为

材料，例如 HDPE 树脂。LDPE 树脂的特点是拉伸强度差、耐压性能弱、刚性力度不够、成型加工时尺寸的稳定性不足、连接起来麻烦，不适合制作给水压力管的材料。为了满足卫生指标要求，LLDPE 树脂材料被应用为生产饮用水管的常用材料。LDPE、LLDPE 树脂的熔融黏度差，而其流动性也较强，加工起来比较容易，因而其熔体指数选择的范围大，一般情况下 mI 在 0.3~3 g/10 min 的范围内。

### （二）HDPE 管特性

#### 1. 物理性质

通常在薄膜状态下聚乙烯的颜色是透明的，当聚乙烯呈现为块状时，由于聚乙烯内部具有大量晶体成分，因而会产生强烈的散射使聚乙烯看起来是不透明的。受到其支链的个数的影响，支链越多，聚乙烯结晶的程度就越低，同时也影响聚乙烯的晶体融化的温度，从 90~130℃之间，支链越多聚乙烯的融化温度越低。聚乙烯单晶一般能够借助将高密度聚乙烯放置在超过 130℃ 的环境中溶解于二甲苯中进行制备。

#### 2. 化学性质

聚乙烯出现在氧化环境中时会被氧化。聚乙烯的化学性质是能抵抗多种酸碱腐蚀，抵抗多种有机溶剂。

#### 3. 管材特性

HDPE 管道的优势是多方面的，它包括使用成本低、接口稳定、材料抗冲击效果好，且 HDPE 管道还具有耐老化、抗开裂和耐腐蚀的功效。总结 HDPE 管道的优点主要呈现在以下方面：

（1）抗应力开裂性能强

HDPE 管道具有剪切强度高、抗刮性能好、低缺口敏感性和耐环境应力开裂性能。

（2）连接更加可靠

聚乙烯管道系统主要的连接方式是电热熔，接头的强度比管道本体强度高。

（3）低温抗冲击性好

聚乙烯的低温脆化温度低，能够在−60~60℃之间使用，冬季施工不易出现管子脆裂的现象。

（4）耐化学腐蚀

HDPE 管道所使用的材料是聚乙烯，属于绝缘体材料，所以不会出现生锈、腐烂以及电化学腐蚀的情况，可以耐受多种化学物质的腐蚀，同时也不会导致细菌、藻类以及真菌的繁殖。

（5）耐磨性强

HDPE 管道的耐磨性比钢管的耐磨性高，是钢管的 4 倍。在泥浆运输的过程中，HDPE 管道耐磨性强，使用寿命长，因而经济性就高。

（6）耐老化效果好

HDPE 管道中的聚乙烯材料均匀分布了 2%~2.5%的炭黑，它可以在露天环境下使用超过 50 年，并且耐紫外线辐射的效果较好。

（7）施工方式多样化

HDPE 管道的施工技术有多种，除了传统的施工开挖方式，还具有定向钻孔衬管、裂管、顶管等新的施工方式，可以应对不同的施工现场环境，施工方式更为多样化。

（8）水流阻力小

HDPE 管道的内表面较为光滑，非黏附性使 HDPE 管道具备了更高的输送能力，也使得管路的输水能耗和压力损失不断地降低。

（9）质量轻，搬运快捷

HDPE 管道的材料更为轻盈，搬运起来更加方便快捷，它对人力和设备的需求较低，因此工程安装的费用也更为实惠。

（10）管道柔性好，节省施工成本

HDPE 管道本身具备柔性，因而在施工过程中可以适当地弯曲以避开障碍物，这样有利于在施工中降低施工的难度，节省施工的费用。

（三）HDPE 管市政给排水施工工艺

HDPE 管市政给排水施工工艺主要包含以下三方面内容：

## 1. HDPE 管道的施工方法

在 HDPE 管道施工之前，要熟悉施工设计图纸和施工方案，研究二者之间最佳的配合措施。由于材料存放的地方和施工现场之间的温差大，所以在材料进行现场安装之前会将材料先在施工现场放置一段时间，当管材料的温度与施工现场温度大致相同相互适应后就可施工。

当暗铺管道并穿墙壁、嵌墙、楼板时，需要预留孔洞，还应该与土建工程配合施工。如果尺寸规定不具体，那么要加大孔洞的预留尺寸。如果预留的孔洞穿过冷水道，需要将热水管道与土建配合实施套管的预埋施工。暗敷管道时应确保孔洞与套管内径的范围在 40~50 mm 以内。在砌墙开槽安装时，要使墙体砂浆的强度超过其本身的 75%，完成上述步骤以后就能够开始凿墙开槽。首先使用小型轻质的空心砌块当作墙体材料，在实施开槽钻孔时选用专业的工具，这样墙体砌松动开裂的现象会缓解许多。如果在室内安装的明铺设管道，铺设安装应在墙面粉刷完成以后。这里安装前应与土建施工做好配合，预埋套管或预留孔洞，安装以后再打凿，确保架空管顶部的空间净空率在 100 mm 以上，管道系统横管的坡度范围在 2%~5% 之间，并增加泄水系统装置。塑料管越过楼板后要开始铺设套管，其中套管的材料为金属管和塑料管，屋面的套管只能采用金属材质的。另外套管设置需要高出屋面和地面，防水措施要更加严密。

## 2. HDPE 管道接口方式和管道铺设过程的施工

HDPE 管连接的方式主要包括对焊连接、带密封圈的承插式套管连接、电焊管箍连接等多种连接方式，主要依据施工的实际状况和每种连接的特点来选择最适合的连接方式。HDPE 管的连接不可以选择溶解性黏合剂，所以熔焊连接是管道施工最佳的连接方式。

电热熔连接包括两种施工机具，分别为电热熔焊接和热熔焊接机。熔焊连接的优点是能够促进管材与管体的一体化程度，控制施工的质量并增加施工的可靠性。在管道接口施工时要注意水流大小的方向，管道的插口应顺着水流方向接入，承接的接口的安装需要根据逆水流的状况。一般下游的管道先安装，然后再安装上游的管道。

人工搬运管节是常见的管节运输方式，在搬运的过程中要注意轻拿轻放，不能在地面上拖拉管节，以免破坏管节的结构。下管的方式为人工下管或起重机下管，前者人工下管要求采用金属绳索系住管道两端，然后将管道慢慢地下到沟槽内部或采用人工传递的方法，由地面的人员将管道传递给沟槽底部的人员；机械下管是采用非金属绳系住管道慢慢放到沟槽内。

沟槽回填的施工要采用人工回填的方式，并且要将基础管底到管顶控制在0.7 m以内，回填的方式只能是人工回填，不能采用机械以免破坏管道的结构。回填的程序首先要从管底与基础的结合处开始，然后沿着管道两侧开始进行分层的人工回填，并将沟槽底部填平夯实，其中管道顶部回填应采用粗砂，每一层回填的高度范围应控制在0.15~0.20 m范围内，而管顶以上的部位需要控制在0.5 m范围内，填充的材料可以选择素土或者砂土来回填。在管道顶部0.7 m以上的位置叫以采用机械填土的方法从管线内侧填充并夯实，在这个高度就可以采取机械填充的方法，并且每一层回填的高度范围应控制在0.15~0.20 m，管顶以上0.5 m范围之内，填充的材料可以是适合含水量的素土或砂土。

### 3. HDPE管沟槽的挖掘施工工艺

在市政给排水施工中，沟槽开挖是基础的施工步骤，并为管材铺设创造条件。挖土开槽需要严格控制基底的高程，禁止出现超挖的现象。在沟槽开挖过程中，常常会遇到碎石、块石、滑的砖块等坚硬的物体，应将这些障碍物铲除到标高0.2 m以下，并在面层上铺上砂土和天然级配的砂石来将地面整平和夯实。人工清理基底需要将标高控制在0.2~0.3 m范围内，原状土设计标高的范围，如果出现局部超挖或扰动的现象，就要调换粗砂、中砂或10~15 mm的天然级别配砂石料将沟槽底部夯实处理。

市政给排水工程排水管道的施工工艺影响给排水的效果，HDPE管自身的优势在当今的市政排水工程中更加适合，是能够增加市政工程排水施工效率的新型材料。加强HDPE管施工工艺的研究，探索适合的管道应用措施，有利于推动市政给排水工程施工效率的提高，并且能够降低经济支出，以最低的成本实现较高的市政给排水施工质量，使市政工程给排水管道铺设更加便捷、高效。

## 二、市政给排水施工中长距离顶管施工技术

顶管技术是市政给排水施工作业中的一项新技术，主要用于距离较长、管线

复杂的区域施工。作为一项现代化建设的重要施工技术，其在给排水工程中的应用越来越多地受到重视。该施工方法的使用可以有效避开复杂的道路、建筑物、构筑物、景区等，给排水管线的贯通提供了支撑，但顶管技术也会造成一定的地基沉降等问题。如果该技术施工造成的沉降量较大，就会很容易导致地下管网的破坏，并威胁到上部建筑物等的正常使用。下文以实际给长距离顶管施工项目为例分析顶管施工容易出现的问题及应对措施。

该项目顶管法施工过程中，造成了大量的土体的隆起和破坏问题，其主要原因在于顶进过程中土体的挤压，造成了原来处于平衡态的土体在受到剪切、扭曲等作用，出现了应力不平衡状态，当应力超出土体承载力极限时就会出现土体的破坏问题。

（一）工程概况

该排水工程位于某市市区，建设目的是为城市污水、雨水的分流，主要包括雨水的处理体系和城市污水处理体系。该排水工程项目的污水管道由上游部分接入第一标段的终位置，下游部分接入总体规划的污水排水管网。明挖段主要设置在行人和自行车道部分，对于埋深超过 5 m 和闹市区域的管线选用顶管施工方式进行管道安装。考虑到该项目的特殊情况，并结合经济性和周围建筑安全性方面的要求，选用顶管方式作业较为科学合理。

（二）泥水平衡顶管施工介绍

### 1. 施工前准备

（1）在实施顶管作业之前，要根据项目施工需要配置好电、水、照明和排水等线路和资源，为顶管施工的顺利实施提供保障。该项目的配电变压器配电功率为 200kW，现场用水选用地下水源，施工用电每台套采用 200kW 的发电机组。施工用水就近取水，同时对整体施工平面布置时，要考虑到设备占用作业空间对施工效率的影响，保证现场设备占用空间保持在 46×56 米的平整区域，同时对施工现场整体进行封闭管理。

（2）施工用到的材料、机械设备和专业技术管理人员要配置齐全，给项目提供保障。此外，对于该项目所用到的管线要配足，该项目备用管线和接头长度预留量达到 35 m。

（3）对于顶管管线的定位和井上、井下测控网的构建，通过经纬仪和全站仪完成，并要求对关键控制点进行技术复核。

## 2. 井下准备工作和井内布置

对于管线工作井内部的布置主要包括后靠背设备、顶管导轨、油泵和钢梯等。顶管基座选用 Q235B 级钢制作，其安装位置根据排水管线的设计轴线进行定位，管线安装过程中根据测量放样的基准线进行安装和固定。对于顶管设备的基座要根据顶管的设计轴线进行配置，保证整体稳定，在实施作业前要进行试验，保证基座不会出现较大变形和失稳的问题。

## 3. 管线运输

根据项目的需要，通过科学安排厂家、车辆进行管线运输，并及时完成管线的吊装和井下的装配。

## 4. 管线顶进施工

该项目所使用的顶管管节均为厂家提供的成品钢管，对原材运输到现场之后首先对管线进行原材取样、连接见证取样，并送检保证管线强度和连接节点满足要求。然后掘进所用的设备机头进洞后需要对其方位、顶进支撑等进行检测，合格后方可实施顶进。在顶进过程中，顶进设备需要和前节通过拉杆管牢固相连，避免出现顶进阻力过大造成的滑移和下沉问题。该过程主要是对顶进的方向、位置和偏差等因素进行控制。

### （三）顶管施工遇到的问题

因为整个施工过程中很容易出现超挖、方位纠偏等问题，同时在顶进过程中顶管对周边土体的作用力较大，这都会使周围土体的受力环境发生改变，并造成土体的移动、变形等问题。该项目施工过程作业端部基坑的开挖、降水作业的实施、中间调整方位等，均一定程度造成了周围土体环境的破坏。

### （四）控制措施

为减少该项目施工过程中出现的路面坍塌、建筑地基开裂、地下既有管线破坏等问题的出现，现重点对控制措施进行探讨。

### 1. 管线顶进与地面形变控制

通过顶管过程中造成地层变形的主要原因分析可知，顶管端头部分的地层损失很容易造成周围土体的变形和沉陷问题，同时，管道在顶进过程中跟土体的摩擦作用也会造成地层的扰动。所以在进行顶管施工作业前，要参考地质勘察报告对不同土质和覆土深度的土层进行控制，同时通过实体土样试验，保证所使用的泥水能够土压平衡。对于坡度的平稳要求，可以通过偏差控制来减轻对土体的扰动作用。此外，还应该科学地控制顶管的速度，保证排泥量与地层变形在可控范围内；通过科学的控制注浆压力和注浆量，保证地层变形的可控性。

### 2. 顶管进接收

（1）顶管机进洞前洞口土体加固

根据实际顶管施工的推进状况，对进洞前的洞口部分土体进行加固处理，避免出现水泥进入接收井部分。项目施工过程中，要及时对进洞前部分的土体进行灌浆加固，防止土体质量差造成泥土涌入井洞问题的出现，保证施工的顺利实施。

（2）顶管过程中设备状态复核测量

对于设备顶进作业过程中管线的方位和进程进行测量是保证顶管施工能够达到设计要求的重要步骤。特别是对初始顶进桩头的检测、出洞和进洞的过程检测，均需要按照设计要求进行，同时通过过程中和接收进洞前的测量，均为保证整个项目施工精度的重要措施。

顶管技术作为一种新的施工方法，在市政给排水施工项目中不仅适用于管线的铺设，还可以用于市政地下管廊施工项目的施工。特别是对于某特殊施工段和特殊管线的施工方面，顶管技术的引进有效避免了土体的扰动、上部结构的影响等问题。比如给排水管线需要穿越城市商业街、闹市区等场所时，需要通过长距离顶管施工技术来实现。

为保证顶管施工井洞的周边土体环境的稳定，在开凿沉井之前，可以采取护壁的方式，保证稳定性。对于存在沙涌等不良地质的土体，需要通过边凿边砌筑砖墙对井洞进行支挡。

### 3. 复杂地质条件下顶管喷浆处理

对于地质条件较差的项目比如中粉质液化土等摩阻力较大的土体，在顶进施工中会出现阻力较大问题，对于此类问题可以通过配置大回转半径的机头刀盘，减小施工过程的摩阻力，进而降低对周围土体的扰动作用。

## 三、市政给排水管道的施工技术应用

我国经济正在高速发展，城市化建设正在迈上一个新的台阶。在城市综合建设中，地下管线也是逐年增多，当前在城市建设中，给排水管线是地下综合管廊中的一个重要的管线。传统的管道建设都是不同种类的管线单独施工，这样不但增加了施工量，而且直接影响人们的正常生活。但是当前城市化建设中已经形成了地下综合管廊。地下综合管廊的使用大大缓解了地下管线施工所带来的不便，这也提高了对给排水管道的施工技术。

城市综合管廊是在市政建设中将地下管线统一管理的地下设施建设，而市政给排水管道就是在地下管廊中。在地下管廊中，不单是给排水管线，电力管线、光缆管线、热力管线和燃气管线等都处在其中。管廊分为综合管廊和单管廊。综合管廊中有不同的管线分布，但单管廊中只有一种管线，而这种管线往往是高危险管线，需要单独施工。由于地下管廊的使用，对给排水管道施工提出了更高的技术要求，应防止施工中对其他管线造成损害。

### （一）施工技术要点探讨

给排水工程是市政基础设施建设，市政给排水管道的施工质量能够为人们的生活和工作带来便利，给排水管道和人们的工作生活息息相关，所以在建设中更应该严格把控给排水管道的施工技术，从而保证管道的施工质量，保证给排水管道的安装技术高质量应用。给排水管线的施工是一个浩大的工程，整个工程的成本投入很大，保证施工质量的干扰因素非常多，如何提高市政给水排水管线的施工质量是工程建设的重点工作内容。在施工建设初期，应该对施工建设中施工技术、施工要点有详细的了解和把控，这样才能更好地提高给排水管道的施工整体质量。

那么，市政排水管道中有以下施工技术要点要在施工建设中引起高度重视：

第一，针对雨水和污水的施工技术要点。首先，当前的城市建设中管线都是在管廊中的，所以在施工建设中对其中的管道施工项目进行了解和沟通，从而保证施工的顺利开展；其次，在施工建设之前应该对管道的设置高度进行确认，在施工中要人工施工配合管道施工进行沟槽的开挖。施工后期遇到的问题就是回填，在回填中不但要保证施工的质量，而且要在施工中防止施工幅度过大导致管道的位移和损坏。第二，施工前应该做好测量放线的准备工作。施工前测量部门应该确定管线走向和定位，在施工开展中应该对管道的桩点进行质量把控，保证这些桩点布置合理，有利于施工的顺利进行。第三，保证土方开挖的质量。土方的开挖一般采用人工开挖和机械开挖两种形式。人工开挖一般是针对管道埋线浅的地方以及在机械作业之后的细节处理工作。在实际施工中，沟底的宽度要比实际的设计宽度大 0.5 m，为基础施工，保证管道施工的安全以及施工空间。在施工中要减少对坑壁的压力，保证沟槽的稳定性。第四，给排水管道水压测试的技术要点。在给排水管道施工建设完成之后要对管道采取水压测试，测试中要采用分段水压测试。从而能够及时发现管道的问题并能够进行及时的处理。在完成测试之后及时回填。

## （二）市政给排水管道安装施工中存在的问题

在市政排水管道的施工中存在一些问题值得考量：第一，施工前的准备工作并没有做到位。在施工开始之前，应该对施工中使用的管道质量以及实际施工环境进行勘测，确定施工地带的土质环境。这样才能确保施工建设的安全性和整体的施工质量。第二，市政给排水管道施工工作人员的施工素质低。给排水管道的施工是一个繁杂而工期长的工程。但是在当前实际的施工过程中，施工人员的施工素质并不是很高，在施工中不能很好地管理施工材料和做好施工中的监管工作，导致在实际的施工中不能很好地保证给排水管道的铺设质量。第三，施工图纸和实际的施工环境不符。在施工之前，施工图纸都是由专门的设计公司设计。但是这些设计师并没有对施工环境进行实地考察，导致图纸中的有些施工细则和实际的施工环境并不相符，导致工程最终被迫停止而调整设计。

## （三）给排水管道施工技术分析

在市政给排水管道工程建设中，只有对管道的施工技术详细地了解，才能最终保证整体的施工质量。

**1. 施工建造前的准备工作**

（1）在给排水管道施工建造之前，最应该熟悉的就是工程设计图纸。在施工开始之前，应该将施工图纸和实际的施工环境和施工条件进行对比，从而确保施工图纸设计能够和实际的施工环境相吻合，这样才能保证施工质量和施工进度。

（2）施工开始之前应该对施工地点进行详细的勘测，对施工建造中的影响因素逐一进行分析排查，并且制订相应的解决方案，在对施工图纸详细对比之后再进行施工铺设。

（3）在施工铺设之前，保证管道的整体质量是非常有必要的。在施工建筑之前，应该对施工所需要的给排水管道的质量进行监管。保证施工所使用的管道质量合格，以免在建造中出现故障，即便劣质管道铺设成功，也只是在增加后期的维修和二次开挖的资金投入。所以应该对所使用的管道进行抽样检查。如果在施工中发现管道出现脱皮和管道接口破损的情况一定要停止施工。

（4）测量放线。测量放线是给排水管道铺设的重要准备工作，主要是确认管线距离中柱昂的距离以及每一个井位的具体位置。如果在测量放线中发现和其他施工项目出现冲突，应该和主管部门商量并及时施工，缩短施工时间。

**2. 给排水管道施工技术探讨**

（1）施工人员依照施工设计图纸和实际的施工勘测数据确定沟槽开挖的坡度，在工程中需要沟槽比较深的时候，需要对沟槽坡度设计防护支架，从而保证施工正常进行和安全施工。沟槽开挖所形成的土方其堆放到指定的地点，从而保证在后期的回填施工中能够合理地使用，减少借土回填。在沟槽开挖中，沟槽地基不能被雨水浸泡。在使用机械挖掘到 2 m 时改用人工挖掘，从而保证准确的沟槽开挖。

（2）管道的基础施工。保证管道基础是一层砂垫基础，且保证沟槽夯实。在夯实时，要采用平板；如果管道采用的是水泥基础，应在沟槽中央进行放样，并且确定浇筑面中管道的具体位置。给排水管线在安装中应严格按照施工技术的要求进行，不可大意。

**3. 综合管廊的各种管道的排布**

对于市政排水管道的施工来说，综合管廊中各种管道的排布在排水系统中发挥着重要的作用，如果想要市政排水系统稳定地运行并充分地发挥作用，必须对其中的各种管道进行合理的排布。综合管廊管道排布需要根据城市的管网排布和格局的具体情况进行确定，在综合管廊施工之前需要对城市中管网系统的情况做好勘察和调研，以便设计出合理的排布方案，这样才能够有效地保障市政排水系统正常地运行。

综上所述，市政给排水管道是城市地下综合管廊中重要的组成部分，给排水管道铺设工程直接关系人们的生活和城市建设，所以在工程建设中应该对给排水管线的施工技术进行熟练的掌握，保证管道工程在随后的施工中能够顺利开展，继而保证整体的施工质量。由于市政给排水管道是一个相当复杂的施工工程，所以在施工中要严格每一项施工工艺。

## 四、顶管技术在市政给排水施工中的应用

城市发展推动人类所居住环境不断改善优化，随着经济全球化进程加速，在城市立体空间布局需要发生重大调整时，如何减轻建筑物破坏及降低交通运输压力影响，成为城市建设过程中的难题。顶管技术在城市布局调整进程中，可以在解决各种施工过程中的疑难杂症，保证施工质量的同时不破坏城市现有生态环境。顶管施工技术作为一项新兴城市地下给排水管道施工方法，已在中国沿海经济发达地区广泛应用。它能穿越公路、建筑、河流、桥梁等地面障碍物，应用非开挖技术铺设给排水、通信电缆、天然气石油管道等，具有显著的经济效益和社会效益。

### （一）顶管技术概述

顶管工艺借助施力单元——主顶油缸施工及管道间的推力等施工。在此期间不断进行纠偏工作，把工具管从工作井内穿过一直推到接收井内吊起，以此连接管道设施等，实现非开挖铺设地下管道的施工方法。顶管技术诞生于 19 世纪 90 年代，由美国北太平洋铁路公司完成。一个多世纪过后，顶管技术发展已经越来越多样化，顶管直径可选择范围扩展到 75~500 mm，土地适用性范围越来越多，新兴技术也在不断发展。

## （二）市政顶管工程的设计

### 1. 工程地质勘察

近年来，针对特殊城市区域施工工程建设日趋增多，利用顶管工程施工可以规避许多传统施工方法带来的隐患，因此，工程勘察对于顶管技术则显得尤为重要。只有根据施工地区具体情况进行科学勘察，才能使工程设计更加顺利与高效。市政施工工程中地质勘察包括地下水勘察、土层勘察、孔隙勘察等几方面。布设这些勘探点主要目的是根据施工设计需要及国家法律法规要求，针对地形地貌、管道涉及地层分布以及勘探点设置进行详细分析。如果工程施工区域内存在流沙或坑洞，甚至是液化的地层结构时，则增加复杂地形区域的勘探点密度，从而对其结构的范围与深度进行勘察，以保证工程设计的准确性、施工现场人员的安全与施工结果的稳定性。

对于利用顶管这种先进设计工程的政府施工项目来说，做好充分的资料收集和管理工作非常重要。若是收集资料混乱、资料数据质量差，可信度及准确度低，可能会对项目设计及日后施工带来毁灭性打击。因此，对于资料收集和管理及工程地质勘察工作一定要做到基于实际数据，对于收集到的数据计算模型更要详细科学评估、设计及使用。

### 2. 顶管管位设计

在推动城市经济、社会、文化飞速发展的过程中，我们必须坚决避免将环境作为城市建设的牺牲品。要将人与社会，人与自然协调稳定发展作为城市发展主要议题。市政给排水作业建设不能够以破坏现有城市生态环境为前提。顶管技术改善了施工难度，其大致设计思路顺序为：工作井实施方案设计，顶进设备设计，吊装、连接设备等辅助项目设计。

工作井实施方案设计：在实际工作中，考虑到工作井造价比较昂贵，应合理优化安排工作井位置，顶管施工时最好往两个方向顶进。利用前期收集的数据，经过现场勘察后，优化线路设计，避免顶管分布在不利于施工土层位置，并尽量设计顶管线路避开建筑物及树木。在为每个工作井设计检查井时，要注意顶管线路与障碍物（如建筑物及树木等）的距离，设计线路时应将检查井设置位置的可实施性及便捷程度作为考察的主要因素，尽量避免产生矛盾。检查井的间距可参考现行国家标准以及设计规范。

顶进设备设计：管道顶进作业施工方法有手工掘进顶管法、机械掘进顶管法和水力掘进顶管法。无论哪一种施工作业方法，顶进力计算方式都是相似的，目前，有很多方法计算模型，使用时要考虑参考项目的类似程度与统计分析的准确性。传统计算方法中，顶力大小只单方面考虑土质与注水问题，但实际上顶力的大小和很多因素有关。传统设计方法依赖设计人员的经验来确定顶进方向、选择计算模型计算顶进力等，工作量大、周期长，通过手绘图、制作比例模型等方法来设计，之后还要进行反复的修改、模拟等环节。因此，当前设计的一大重要特征就是可以在计算机辅助软件中建立三维模型。三维模型可以进行迅速而精确的修改，也可以迅速而精确地传递施工信息，很大程度上提高了设计质量。例如，计算机辅助设计可以提高设计人员的工作效率，利用计算机等图形设备进行辅助工作，是一个具有丰富绘图及辅助功能的可视化的绘图软件，可以实现多种二维以及三维的命令以及操作，如实现图形的绘制、尺寸的标注、对象的捕捉等，为用户带来很大的方便。

辅助项目设计：设计时，如果出现顶管管身过长，一次顶进作业有困难，则可分成 N 节采用中继间法顶进。若采用中继间法顶进，在顶进过程中，可能会出现两节管道由于轨迹不易重合，两节管道接触面之间形成断差，继而形成两节管道之间的扭转与错位等形状偏差。因此，想要保证两节顶管连接顶进时的稳定性与可靠性，在两节管道连接处设置中继间，并在中继间处设置抵抗纵向剪切力的剪力楔或钢塔楔。

(三) 市政顶管工程的施工

市政给排水作业施工，为全面系统地落实设计初衷以及保质保量完成施工任务，在施工过程中，应全面建立可行的质量保证体系。要整合一系列相关质量要素，保证施工完成后的质量，如横向整合：人力及实物资源、人员职责落实、完善的产品设计、物资采购与使用、测量与监控、持续改进改善等，最终实现顶管工程实施的目标。

影响现场施工工程质量的环境因素较多，有工程技术环境，如工程地质、水质、天气等；项目实施的管理环境，如质量管理文件通常涉及三个层次：质量保证文件、流程相关程序文件、作业指导类文件等；人员能力，如人员培训、能力认证、人员作业时间安排等。从理论上分析，产品质量取决于施工过程的稳定性，而施工过程的稳定性取决于施工项目的质量体系是否完善，最终目的是评定施工团队是否具有实施稳定工程的能力。因此，在施工过程中，要进行不断的产品审核与过程审计，保证施工质量。

顶管施工作业由于其设计特性，地上施工面减少至工作井，须挖掘底面面积少，造成的人员财力损失少，因此，随着城市建筑群不断密集，交通压力不断加大，而被广泛应用于现代城市建设。顶管施工作业可由地下穿越河流、树木、公路、建筑物等，不破坏正常使用中的管线和建筑物，不会对路面造成伤害。同时，也因其地下施工作业，噪声低，能够减少对外界环境的污染，也减少外界环境的限制。由于事先使用计算机模拟辅助设计，可减少施工中的返工成本，降低损失。同时，实现了80%以上机械开动率，减少人工投入，也因此降低人员管理成本，提高准确性。现代设计发展迅速，市政给排水施工要求也逐渐趋近于高精准的水平。对于设计问题的深入研究，将会对未来实现工作中设计的优化夯实基础，提高生产水平、生产效率。

# 第二节　市政给水排水管道施工维护

## 一、市政排水管道运行维护

近年来，我国现代化城市建设的步伐正在逐渐加快，市政建设工程的数量也在逐渐增加，而在现阶段市政建设工程开展的过程中，市政排水管道系统的建设是其中最为重要的基础工程建设之一，同时市政排水管道系统的建设也在一定程度上影响着其他基础设施的建设，因此在现代化市政施工开展的过程中，要能够提高对市政排水管道建设以及运行维护工作的重视。这里主要对市政排水管道在实际使用中存在的问题进行详细的分析，并对相关的运行维护及管理策略进行研究。

在现阶段的城市建设和发展过程中，工业生产是推动城市经济快速发展的主要动力，但是工业生产的快速推进也在一定程度上使城市的环境受到了严重的污染，产生了大量的工业废水，因此在城市规划工作开展中，如何对这些工业废水以及人们的生活污水进行合理的处理成为城市环境的管理难题，使得越来越多的人开始重视市政排水管理系统的建设。市政排水管道系统在处理城市污水上起到了非常重要的作用，是整个城市运转中不可缺少的一环。因此，为了避免市政排水管道在实际使用过程中出现问题，使整个城市的排水不能够得到有效的处理，则需要加强对市政排水管理运行的维护，根据具体情况制定详细的管理策略，以此确保市政排水管道体系的稳定运转。

## (一) 市政排水管道维护管理中存在的问题

### 1. 局部排水管道的设计不合理

在现阶段市政排水管道设计过程中，管道设计问题大致如下：①设计管道的路线太长，较易致使线路不通畅，会给整个管道的设计与运用成效带来不良影响；②排水管网的设计并未依照市政的要求来实施，致使在真正管道传输过程中具有传输不顺畅的问题。

### 2. 当前阶段的预警系统缺乏完善性

在市政配水管道实际运行的过程中，必须确保排水管道在汛期有着非常灵敏的预警反映，只有这样才能够体现出预警系统的完善性，才能够对自然灾害进行准确的监控，一旦发现问题能够及时地做出反应，给管理人员留下足够的反应时间来制定紧急控制措施，避免造成重大的影响。而在现阶段，大多数城市的市政排水管道系统都缺乏足够完善的预警系统，使得对很多的自然灾害都不能进行准确的预测，使得城市排水存在非常大的安全隐患。

### 3. 维护及管理细节落实较差

在对市政排水管道系统进行维护管理操作时，涉及的维护工作以及管理内容都非常多，很多维护以及管理工作涉及的细节问题也非常多，任何一个细节的维护管理工作没有落实到位都可能对市政排水管道系统的正常运行产生重大的影响。导致这些问题出现的原因就是管理人员在开展管理工作时并没有给予细节上的落实处理和足够的重视，导致管理人员直接忽视细节上的维护管理。例如，在对市政排水管道进行维护管理时，管道的接口处就很容易被管理人员所忽视，除此之外部分管道内会被杂物堵住，如果不进行及时的清理，则可能引起管道系统的内涝。

### 4. 相关的运行维护和管理制度不够完善

加强对市政排水管道系统的维护和管理，需要以制度的方式来对相关的操作起到一定的约束作用，并以制度的方式来促进管理人员高度重视，加强对管道各个细节部位的维护管理，这样才能够及时地发现市政管道一些细节地方存在的问题，并及时地解决。目前，很多城市对市政排水管道维护管理工作都制定了详细的制度，但是在制度的落实上却存在非常大的问题，无法严格地执行管理制度上的内容，使得管道维修频率居高不下。

## （二）加强市政排水管道运行维护以及管理的相关措施

### 1. 做好前期排水管网信息汇总，实现市政排水管网的优化设计

在对市政排水管道系统进行设计之前，首先，最为重要的就是做好数据的收集处理工作，要能够安排专业的工作人员来对当前阶段城市内的排水情况以及市政现有的排水网络信息、排水管网的分布、口径、使用状况等信息进行收集和调研，然后将这些收集到的信息都进行统一地汇总整理并保存下来，在后期的发展中要根据实际情况对这些信息进行实时的更新。其次，对城市内部一些特殊排水地段的排水情况、管道分布情况等进行重点整治，要经过多方面的考察以及讨论来制订出最合理的整治方案。如果处于市中心的排水管网存在问题的话，则需要以最快的速度制订出最合理的整治方案，在最短时间内解决排水问题，要尽量避免对市政的正常生活和工作带来影响。

### 2. 进行设备的更新和完善

在对市政排水管道进行维护操作的过程中，首先需要做的就是根据科学技术的发展对现有的管道进行不断的优化和更新；其次要能够跟上科学发展的潮流，加快对市政排水管道的机械化建设。在现阶段市政排水管道检测工作中，大多采用人员检测的方式开展，然而长时间采用人员检测的方式会致使井盖产生很大的

变化，时间长了便有可能使井盖不能被顺利打开。因此为了使市政排水管理的维护操作变得更加便利，可以选用一些合适的设备来进行辅助检测操作，以此来提升井盖操作的便利性。为了提高市政排水管道的使用性能和使用寿命，需要定期对相关的排水设备进行完善和更新，确保设备能够在排水系统中保持最好的工作状态。

### 3. 在维护以及管理工作中注重细节的落实

由于市政排水管道中涉及的细节处非常多，每一个细节处理不好的话，都可能会对排水系统的正常运行产生重大的影响，因此在维护过程中应该制定相关的措施来加强对一些细节的处理。市政排水系统的建设需要根据城市发展的实际需求来进行建设，并且还需要结合城市地理条件和气候条件等因素设计，要能够充分发挥出排水管道系统所能够产生的经济效用和社会效用。除此之外，在市政排水管道系统的设计过程中，要构建一个智能化的排水系统，全面提高城市污水的排放能力，对管道维护的细节进行不断的优化完善，要将制定的细节处理措施落实到位。另外，在市政排水系统建设过程中，可以适当借鉴工程学在系统中的特点，建立洪涝预警系统，使城市排水系统的功能和作用得到保障。

### 4. 从实际需求出发，合理改造市政排水系统

市政排水管道系统的设计重心应该放在区域的划分工作上，要从城市排水的实际需求出发，对市政排水系统的工作内容进行适当的调节。除此之外，还需要尽量控制好污水处理管道的长度和管道埋设的深度，要能够在最大限度上避免污水管道泄漏给城市环境带来重大的影响。最后在对市政排水管道进行维护的过程中，要对集中处理和分散处理方式进行合理的运用，并加强对新型污水处理技术的研究，以此来完成现代化城市排水系统的构建。

### (三) 市政排水管道运行优化管理的相关措施

为了使市政排水管道能够处于一个稳定运行的状态之中，除了需要加大维护工作的力度之外，还需要针对具体情况做好相关的管理工作，要保证各项管理制度都能够在实际管理工作中落实到位。主要的管理举措为：实施市政排水管道建设监理机制，指派专业的技术工作者来对排水管道进行检测，确保排水管道在运

行过程中如果出现各种类型的故障，均可以第一时间处理；增强对市政排水管道各工序与各过程的运行监控与养护，并且要能够针对现存的问题制订详细的解决方案；城建各有关单位间应当紧密协作，一同确保市政排水管道系统的稳定运行。

总而言之，市政排水工程作为基础的民生工程建设，其正常运行与否会对整个城市社会秩序的稳定产生重大的影响，因此我们需要对其提高管理力度。随着科学技术的进步，我们要能够采用更加先进的管道维护技术和管理办法来对市政排水管道系统实施管理，唯有如此才可以保证城市防涝目标的顺利实现。

## 二、市政给排水管道施工优化及后期维护

我国城市化进程的推进使得城市建筑工程日益增加，其中市政工程中的给排水管道建设也不断发展。一个城市要长久地发展下去就必须具有完善的给排水系统，给排水管道的工程质量对城市功能具有直接影响。这里介绍了市政给排水管道工程的主要相关系统及其施工中存在的问题，并对其施工及后期维护做出了分析。

我国城市规模的日益扩大给社会经济的发展提供了动力，同时也给城市的环境质量带来了严峻的挑战。市政给排水管道工程作为市政排水系统的枢纽及传输部分，对维护城市环境及市民正常生活具有重要的作用。但事实上，我国当前大部分市政给排水管道工程存在不同程度的质量问题，为此，对市政给排水管道施工优化及后期维护进行分析尤其必要。

### （一）市政给排水管道施工主要相关系统

#### 1. 排放雨水系统

我国幅员辽阔，国土面积广大，但其中大部分地区的降水都具有季节性，一年中降水较多的时期是夏季，降雨的季节性对城市给排水管道工程增加了难度。南方地区受地理环境及气候的影响在雨季具有充沛的降水，容易造成洪涝等灾害，对市民的生命财产安全具有极大的影响。为此，城市雨水排放系统必须能充分发挥自身的作用，完善雨水排放工作，以减少洪涝灾害，保护市民生命财产安全。

## 2. 排放污水系统

城市居民众多，污水产量大，大量的污水不仅会影响城市的生态环境，还会对市民身心健康造成消极影响。城市污水的重要来源是工业污水和生活污水，而这两者中工业污水对市民身心健康的影响最大，必须及时处理。目前我国很多城市的污水排放工作都不够完善，对城市环境造成了严重的影响，违背了可持续发展、环境友好的理念，不符合现代化城市的发展需求。对于并不乐观的现状，城市现代化建设必须加强对市政污水排放系统的建设、管理和控制，在污水排放管道设计中注重实用性和科学性，充分认识污水处理工作的重要性，可以通过将处理过的污水排放到流动水道中以减少环境污染。

## (二) 市政给排水管道施工问题

### 1. 给水管道施工问题

通常情况下，给水管道的施工过程中常见的问题有沟槽问题、管道安装问题、水压问题。①沟槽问题。沟槽问题具体分析如下：沟槽开挖过程违背标准，测量出错，施工不规范，或者为了躲避障碍物而在平面位置上造成偏移，沟槽不直，城市原有地下水位高，雨季施工忽略了排水工作的重要性，以上问题均容易导致泥土流入给水管道，甚至造成漂管事故。而挖掘沟槽时容易出现底宽和断面与要求不符的情况，或是沟槽底高的偏差超出允许范围，机械挖槽时没有在设计高程中预留一定土方以进行人工挖掘，以上沟槽问题容易导致基础超挖和扰动。②管道安装问题。常见的管道安装问题有管道轴线、高程超出偏差允许范围，埋深不够，甚至出现铺设在冻土层以上的现象。施工工艺差，管材质量达不到要求也是常见的管道安装问题。③水压问题。水压试验之前管道没有进行足够时间的浸泡，水压试验时沟槽已经回填等，均是常见的水压问题。此外，给水管道施工时还容易出现水压试验时用堵板做闸阀、后背未设在原状土、压力计精度选取不能满足要求等问题。

### 2. 排水管道施工问题

排水管道施工问题常见的有管道渗漏问题、检查井问题、回填土问题，这三类问题具体分析如下：①管道渗漏：基础沉降不均匀、管材及接口施工质量不合

要求、闭水段端头封堵不严密、井体施工质量达不到标准等是管道渗漏的常见原因。管道基础条件差将致使管道和基础出现不均匀沉陷，轻则导致局部积水，重则导致管道断裂或接口开裂或是施工质量差，管道在外力作用下容易产生破损、接口开裂。②检查井问题：基层和垫层质量不过关，施工过程不够严谨，没有严格遵守规程，容易导致检查井下沉、变形。检查井的施工质量与井室和井口中心位置及高度密切相关，后者控制不到位将导致井体变形。③回填土问题：回填土塌陷是一直以来对排水管道施工造成较大困扰的问题。检查井周边回填不够密实、施工质量差等均会导致回填土塌陷。

### （三）市政给排水管道施工探讨

#### 1. 优化管道铺设技术

（1）管道安装一般要求。管道稳定性好，管底坡度不倒流水，缝宽均匀，管道内无泥土等杂物是管道安装的基础要求。夯实管座混凝土，使其与管壁紧密结合；管座回填粗砂密实，也是管道安装应满足的要求。此外，在管道回填土之前进行闭水法严密性试验，并在闭水试验前进行相应的检查工作，如检查管道及检查井的质量，也是管道安装工作必须做到的。

（2）沟槽及管道铺设施工优化。在沟槽开挖之前应校对平面位置和高程，在发现其与施工图及相关资料不符合时及时告知设计人员进行调整。开槽断面及槽帮坡度的选取应结合沟槽深度、水质、地下水情况及管体结构和挖槽方法、施工季节等因素。开挖沟槽前还应明确地下已有的构筑物位置，并将调查结果和处理方案送给有关单位审核确认。沟槽开挖过程禁止扰动槽底土壤，或受水浸泡、受冻。撑板、撑木应做到互相贴紧，固定牢靠，并进行周期性的检查，以便及时发现并解决问题。管道边线的控制工作应根据下管时中心线的测放情况进行。下管时应采用专用的吊钩或柔性吊索，并有专业人员负责指挥。

#### 2. 水压检验

根据相关的规程制度可知，压水试验段最好低于或等于1 000 m，并在对地形、管线走向、管材供应、施工布局等影响因素进行分析后再决定具体的压水段长度。在进行压水试验之前，工作人员应先对管道进行冲水、排气，再充满水后

48h，用试压泵将压力增加到所需程度。压力试验包括两个方面：①强度试验。强度试验的内容是观察压力升至工作压力 1.5 倍时检查 10 min 内压力是否小于 0.05 MPa。②严密性试验，严密性试验主要是在压力升至工作压力 1.25 倍时观察压力是否小于 0.1 MPa，若小于则符合要求。

### 3. 管道渗漏处理技术

通常情况下管道渗漏的原因是闭水段封口严密性不良。在对排水管道进行闭水试验时最好从上游往下游分段进行，同时，试验管段应按照井距分隔。试验水头的位置确定分为以下三种情况：①试验段上游设计水头低于管顶内壁，则试验水头从试验段上游管顶内壁 2 m 计；②试验段上游设计水头高于管顶内壁，则试验水头以试验段上游设计水头加 2 m 计；③计算出试验水头超出上游检查井井口，试验水头以上游检查井井口高度为准。试验水头的确定必须严格遵守以上三条原则。

### 4. 优化检查井施工技术

检查井的基层和垫层在施工过程必须严格遵守规范，采用破管做流槽的方法可以有效地避免井体下沉。井室和井口的中心位置及高度控制是检查井施工十分重要的部分，为了避免出现井体变形现象，应绝对采用与检查井做配套的井盖，并在安装时保证座浆充盈。此外，不同重量和型号、面底绝对不能错用，铁爬安装要控制上、下第一步的位置，并严格控制偏差，平面位置定位须精确。

### 5. 回填土塌陷处理

回填土塌陷问题必须预防和处理相结合。①预防措施。管槽回填时的填料和夯实工具的选择应结合回填部位及施工条件进行选择。填料和填筑厚度不同时应根据实际需求选择不同的夯实工具以便能获得更加经济的压实效果。施工时遇到地下水或在雨后施工应注意排干水后再分层填压，以杜绝水对回填质量的影响；②处理措施。当沉降现象小范围出现，且不影响其他构筑物，可不做处理或做表面处理。当沉降严重，且影响其他构筑物时应替换不良填料，并在压实后修复损坏的构筑物。

### (四) 市政给排水管道施工后期维护

市政给排水管道施工前期质量及后期维护均具有重要意义，其中后期维护工作的主要内容如下。适时检查和维修维护给排水工程：①检查给排水管道的阀门及管线，定期安排除锈、涂油，确保管阀能灵活操作；②及时修复管道磨损，以消除管道渗漏、偏移，必要时可更换管道；③经常冲洗管网，以减少供水管道的锈蚀和沉积，冬季主要管网防冻；④经常检查井盖、井座的损坏情况。

市政给排水管道施工是隐蔽工程，施工过程中将面临繁杂的施工工艺。要建设完善的市政给排水管道，为市民提供优良的生活环境，市政工人就必须严格地遵守规程，严肃对待施工过程的每一个环节，规范操作，在优化施工的同时注重后期维护，致力于打造完善的市政给排水工程。

## 三、市政给排水管道工程质量分析

伴随着经济发展，我国的城市化建设进程也飞速发展，在城市化建设的整体规划建设中，给排水是市政工程的一项基础项目，我国每年都有很多的市政方面的给排水管道工程建设，随着给排水管道工程的大量建设和投入，工程质量方面出现越来越多的问题，这里对我国市政给排水管道工程施工方面出现的常见问题进行分析，并且提出了相应的合理化解决方案，来提高给排水管道工程的工程质量。

我国的城市化建设中，市政给排水工程是城市化建设的基础工程，用来保证广大人民群众的基本日常生活。在施工中，工作的质量是否达标，将会直接影响到城市化建设功能的正常发挥，并且对于一个城市环境保护和交通、防汛方面都有着重要作用和意义。因此，加强对给排水工程中的工程质量的分析研究十分必要，对城市化建设的发展是有比较深远的意义。

（一）市政给排水管道工程在施工中比较常见的一些质量问题

市政给排水管道工程的施工是一项比较复杂的工作，给排水管道的工作内容和施工质量直接影响到城市的工农业生产和城镇居民的日常生活，甚至有可能影响到城市的经济建设和居民的社会生活的安定团结。目前，我国国内市政的给排水管道工程工作中比较常见的质量问题，具体地表现在以下三方面：

1. **市政给排水管道的最优化线路的选择容易出现的问题**

目前，在我国城市给排水管道工程的施工建设中，给排水管道的线路选择虽然已经渐渐地形成了一套比较完善的施工建设理念，但依然是工程质量管理人员所关注的问题之一。在市政给排水管道工程施工建设中，排水管道工程路线的选择很重要，同时也很烦琐，主要问题是施工成本问题，市政给排水管道工程管道的资金主要是由国家拨款和地方政府财政拨款组成，在选择路线的时候一定要本着节约成本的精神来选择，做到线路最优化的选择下尽量用最小的成本，保证城乡居民的用水和排水的需要。

### 2. 给排水管道工程要全面考虑城市供排水的基本需求

在市政给排水管道工程的设计施工中，设计施工人员在施工前要认真、细致和正确地统计涉及工厂企业的具体数量、城乡居民的人数和城乡中建筑物的详细情况等，依据这些的数据来全面考虑该城乡供、排水的最基本的需求。在工程的施工中要全面地考虑到整个城乡的功能布局，在工厂企业比较密集的地方，要适当地增加给排水管道的数量。由于一般情况下在进行城市规划时，工厂和企业一般会集中在一个地区，所以在施工中我们还要提前预想到该地区的未来的发展情况，并且在施工设计方案中要预先留下足够的地方，来满足将来可能增加的工厂和企业所需要的铺建的给排水系统。

### 3. 对原来的给排水管道进行改造和更新

市政给排水管道的工程施工中，不仅有新的工程建设施工，还有许多工程是对原有的给排水管道的改造和更新。在施工中，工程施工人员要在施工前充分了解原来的给排水工程的布局和铺建时间，并且还要根据城市的未来的发展规划来制订出科学的、全面的、合理的施工设计方案和给排水工程的建设计划。

## （二）给排水管道主要材料的施工和维护

市政给排水管道工程中管道主要的材料是聚乙烯，由于聚乙烯管道的韧性强，一般情况下在进行管道焊接时可以在地面上进行，连接后再吊入管沟，所以管沟不需要开挖作业坑，因此管沟的宽度可以适当缩减，节约开挖的土方量，对控制给排水管道的工程成本和施工的进度起到了一定的作用。聚乙烯管道和其他的管道，管线之间的距离在理论上有着明确的规定，但往往在实际的施工中，由于施工现场的现实情况不同，无法保证最小的间距。所以在具体的施工中确实无法满足聚乙烯管道和其他管道规范中的间距情况下，可以根据专家的意见和有关部门商量，采取必要的保护措施，将间距适当地缩小。

### （三）给排水管道的渗漏水问题和保护措施

在给排水管道的工程施工过程中，渗漏现象是一项普遍存在的质量缺陷。管材的质量差、管道的基础条件不好和闭水段的封口不严等是给排水管道渗水问题产生的原因。管道的基础条件不好会导致管道和基础出现不均匀而产生沉陷，从而造成局部的积水，甚至可能会出现管道的断裂和管道接口的开裂。防治的方法是，在施工时要严格按照设计方案施工，确保管道的强度和管道的稳定性。当施工地点的地质水文条件不佳时，一定要进行土质的改良，来提高基槽底部的承载力。若基槽底部的土壤松动或者受水的浸泡，应该先把松软的土层挖出来，挖出的部分要用砂或者碎石等稳定性比较好的材料来回填。如果在地下水水位以下施工时，要做好槽底部的排水和降水工作，来确保干槽的开挖，也可在槽坑的底部预留大概 20 cm 厚的土层，以便在后续的工序施工的时候，随时地挖开和随时地封闭。管材的质量差，一般来说主要的问题是管材的裂缝、管材抗渗的能力差和管材的局部混凝土松散。所以要求所用的管材，要有质量管理部门所提供的合格证，在使用前要仔细地检查，发现问题要及时解决。

### （四）给排水工程的施工现场恢复

在整个的给排水工程施工过程中，给排水工程的施工现场的恢复是该工程的最后一步，一般来说对于道路以外的给排水管道工程需要复原成以前的样貌，在道路上修建的给排水管道工程，给排水管道的管线要作为永久性的路基，所以在进行道路内的给排水管道施工时，不仅要按照给排水管道的标准来铺建，还要严格地按照道路工程的质量标准来施工建设。同时还要对道路周围的环境进行保护，防止施工时对周围环境造成污染；还要及时地清理施工时产生的废料，合理地利用剩下的施工材料，要保持施工现场的整洁干净；完工时要做到施工场地干净整洁，道路外的工程施工现场要恢复到施工前的样貌。由于给排水管道工程是整个城市化建设中比较重要的隐蔽工程建设，所以在整个的施工过程中只要对工程的一些细节问题加以严格的质量控制，就能使施工的质量达到比较理想的状态，使广大人民群众的生活得到基本的保障。

综上所述，一般来说市政给排水工程的施工质量，主要和施工中质量的管理和风险的控制密不可分，工程的建设、设计、施工、监理单位之间要相互合作、严格把关，要树立起严格认真的工作态度，无论哪个环节出现问题都要及时、合理地解决，来保证对该给排水工程施工质量进行有效管理控制。在市政给排水工程的施工过程中，由于给排水工程所涉及的施工建设项目比较多，要对每一个所涉及的施工建设的每一个具体的环节进行严格的管理和控制，保证该给排水管道工程的质量合乎标准，有效地防止市政给排水工程出现各种质量问题。

## 四、市政给排水工程管道施工管理

给排水工程是城市现代化建设的基础和重要组成部分，对城市的建设和发展有着重要作用，和人们的生产生活有着密不可分的关系。市政部门要以给排水工程作为工作中的重点，严格地控制给排水工程的施工质量，进而满足经济发展和城市化建设对给排水工程的需求。

城市给水排水工程是城市基本建设项目，为商户、社区、学校、企业以及工厂等各个单位提供水源，也将城市中产生的废水进行处理和排放，是快节奏的现代生活中必不可少的建设项目，有十分重要的地位。因此保证市政给排水工程的质量是十分必要的，而保证给排水工程质量的关键环节就在于施工过程，在施工过程中严格把关，做好管理是避免给排水工程出现质量问题的有效手段，对其出现的问题需要重视的同时，也需要提出相应的对策解决，使市政给排水工程长期、健康与有效地运行，增加其使用寿命，也为城市生活带来方便。

（一）对市政给排水工程管理的现状分析

### 1. 施工技术水平有待提升

城市化进程不断加快，市政给排水工程项目数量增加，有关的施工企业得到了较好的发展机会。但是部分施工单位的施工技术水平并不能够满足当前的工程建设需要，施工技术落后，加上行业内市场监管不力，少数施工单位为了减少施工成本，刻意偷工减料，严重影响了工程质量。

### 2. 现场施工管理及控制工作不到位

市政给排水施工的现场施工管理对于工程建设有着重要的影响，施工单位作为主要的管理对象，要承担起施工管理控制的责任，部分施工单位管理水平比较低，在具体的工程建设过程中没有立足企业未来的发展以及工程整体进行施工组织管理，现场管理及控制存在许多的漏洞，在一定程度上影响了市政给排水工程的施工质量。

### 3. 市政给排水施工质量管理缺位严重

为了保证市政给排水工程建设质量，施工单位必须建立完善的施工质量管理体系，加强整个施工阶段的质量管理。现阶段，各大城市的市政给排水工程的业主是地方政府，大多数政府工作人员对于给排水施工有关的专业技能不够了解，缺乏专业的技术管理人员，许多工程问题施工管理人员都不够清晰，一定程度上影响了施工管理监督的效果，导致工程建设过程中存在一些漏洞，为给排水工程建设埋下隐患。

## （二）市政给排水工程管道施工管理的措施

### 1. 注重施工设计方案的管理

要想保障一个工程能正常顺利地进行，就要建立一个周密的工程方案，在提出方案之前，首先做好准备，其中包括了解市政给排水工程管理任务的技术，认真阅读合同的交底，知道所要完成的标准，详细对施工过程中要遇到的难题进行分析，最后制订一个符合标准的方案，为今后的施工过程打下坚实的基础。

### 2. 施工质量管理

任何施工管理最终都是为了保证工程的施工质量，因此，市政给排水工程施工管理人员需要全面做好施工质量管理工作。当工程在进行质量节点施工的时候，就需要立即停止，然后施工单位需要让专业的质量管理检测人员对工程质量进行严格的检测，再交由承包单位进行二次质检。总承包商需要让管理人员对工程施工进行定期检查，并且进行工程质量评估。市政给排水工程施工存在施工难点，施工单位就需要在容易出现质量问题的部位进行科学论证，保证施工质量管理的科学性。

### 3. 加强施工技术管理工作

给排水工程是一个很复杂又系统的工程，在排水工程开工之前，施工单位应该有一份明确具体的施工设计计划和图纸。施工技术工作是排水工程项目的核心，它关系到给排水工程合理性和科学性，因此在施工技术管理上要做到以下三点：①要对给排水工程的施工设计和设计图纸组织专家会审和终审，这项工作要在工程开工之前进行，要对施工图纸的技术可行性进行科学的推断，要对工程的各个环节进行整体性把握。②对施工现场工作进行整体性规划，施工现场的工作如果管理不善，极易导致混乱，因此要在制定项目目标后就对施工现场的工作按类别进行具体的分派，要在工程整体性下把各项工作细化，分门别类地分派出去，给每项工作都指定一位负责人，并要求负责人每天都做工作记录。③对给排水工程的质量进行严格管控，在施工设计中应对每项工作的质量做出具体的要求，要求施工单位必须按照施工设计进行施工；在施工设计中，要按照国家相关法律法规的规定，制定质量验收制度，要有质量不合格就重建的决心。

### 4. 加强工程进度管理力度

进度控制主要是为了保证工程在合同规定的时间内完成竣工并可以进行使用，所以在市政给排水工程中进度管理是十分必要的，主要包括施工前、中、后三方面。首先，在施工开始之前要认真分析施工方案、施工进度计划确保符合实际要求标准；其次，在施工过程中，不断地对实际进度与计划进度进行比较，随时监管进度，并对耽搁进度的因素进行分析，总结出更加好的解决办法，减少因进度问题而影响整个施工过程。

### 5. 加强工程投资控制

在市政给排水工程中投资控制是十分重要的一项工作，加强工程的投资控制可降低成本，为今后的工程建设带来更大的经济利润，针对投资控制要从以下两个方面着手：首先是对合同以外另增加的工程量做合理有效的判定，减少不合理的投资成本；其次是根据实际情况进行合理的方案建设，将外界因素考虑在内，降低投资风险，为合理利用投资提供有力的保证。

### 6. 做好安全管理工作

任何施工建设都离不开安全保障体系，提高安全管理是施工中很重要的一项内容。在施工之前，要认真对施工地点进行细致的调查，了解不利因素的干扰，合理地建立一个全面而又安全的管理制度，将监督安全措施应用到实际施工中，同时也要不断加强工作人员的安全意识，大力宣传"安全第一"的思想，确保人们在安全的前提下进行施工。

总之，市政给排水工程作为一项非常专业化、系统化、复杂的工程项目，在城市建设中有着越来越重要的作用。因此，必须采取有效的措施，加强市政给排水工程管理，提升市政给排水工程质量，从而促进市政给排水工程的发展。

## 五、市政给排水管道的基础处理与施工

城市的稳步发展，离不开市政基础设施的支持，在城市规模扩大的背景下，人们开始加强对市政给排水管道建设重要性的认知，并在生态保护和资源可持续发展下，对给排水管道系统提出了更高的要求。良好的给排水管道施工，可以促进城市的发展，其重要作用不言而喻，需要施工人员高度重视，结合相应的施工手段，保证工程质量。

伴随当前国内城市化进程越来越快，对于工程而言，相关部门应对管道施工长期持高度重视态度，务必促使给排水系统达到效益最大化。就该项管道的施工建设过程而言，其质量控制不可或缺。但是，由于施工过程需要涉及各项施工要素，导致其施工工序繁复的同时也会导致其自身的复杂性。因此，对于市政给排水工程而言，需要严格控制此类管道基础处理与施工，进而全面避免发生各种质量问题。

### （一）市政工程给排水管道的定义和作用

目前，给排水管道属于现代城市的一种重要基建设施，可以为其实现市政用水发挥作用，并且还能促使该地区的废水、污水得以排除。给水、排水是该项管道系统的主要组成部分，平时除了匹配一部分地区用水的水质、水量需求之外，还需要帮助废水完成收集、输送、处理等工作，进而全面实现地区的环境保护和人体健康。现在，城市发展进程迅猛，每个城市之间已经形成相互联系的排水工程，此系统在水域差异性的影响下形成持续连接。对于此类排水系统而言，其规划建设过程中专业性、系统性较强，只有全面结合此类排水系统中的每一个因

素，才能促使工程的规划安排更加一致，进而保障排水工程高度适应城市发展。就城市整体开发建设的组成部分而言，管道施工过程至关重要。人们平时的生活用水都是通过管道施工提供，且保证水资源呈现干净卫生的状态，同时也能在第一时间对污水、雨水等完成收集、处理工作，进而全面做好本地区的水污染防治工作。

## （二）市政给排水管道的基础处理与施工控制措施分析

### 1. 设计图纸

施工图纸的科学设计很重要，在设计时，结合国家相关法律法规、当地政府对该施工区域的施工需求，并结合施工环境，进行科学设计，为后续管道的铺设工作提供理论基础。设计人员需要结合管道分布的情况，对周边环境有精准的了解，如每年的温度变化和附近道路的分布情况等，与气象部门和交通管理部门做好沟通，然后有针对性地设置具体参数，保证后期施工可以顺利进行。

### 2. 物料管理

在整个市政给排水建设过程中，管道、管件等各种不同的材料相对而言较多，比较容易受工程相关的进度和施工现场中的各种条件的限制。对施工中的现场材料进行管理，可以减轻对市政给排水工程当中实际施工进度的压力。首先，管理者应当依据市政给排水当中的施工量进行计算，检查施工现场材料数据中的正确性，同时检查相关材料的各类尺寸和性能。在必要的时候，安排相关的检测部门进行适当的测试，以确保材料的各种质量。其次，计算材料的各种运输路线，市政给排水材料的应用在实际过程是否合理分配，以达到材料使用需求的满足。最后，相对较为合理和科学地管理各类建筑材料，从而避免材料产生潮湿、铁锈等其他问题，以保证材料的质量。

### 3. 夯实操作法

利用提升地基承载力的方法，进行夯实。实际施工中，会因为操作技术不同，使用两种方法，有重锤夯实和强夯法。前者主要在沙土或者黄土等黏性土壤中使用，利用起重机进行夯实工作，即起重机将夯锤提升到一定高度后，使用重锤下落的方法，完成对地基土层的模式处理，此过程开始前，要结合土壤的情况，有效设置重锤重量、起重机上升高度和下锤数量等；强夯法则是在重锤夯实基础上产生的，利用起重机，将更重的锤吊起，上升到更高的高度后，自由下落，对地基产生重压，增强地基的牢固性。该方法要求施工人员在工作开始前检查施工状态，确定有关数据后再进行强夯。

### 4. 沉管操作法

在淤泥或者软土上进行管道施工前，需要计算外部土壤和管道的摩擦力，仔细核算实际承载力，精确算出涵管的桩数，确定管道的最终安置形式。一般情况下，涵管桩数就是为计算工作的，直径在 1.1~1.3 m，排列方式按照中心线，向外部扩展，横向排列，则须涵管桩和外部连接。市政给排水管道施工中，主要是使用沉管法，将管道中的垃圾或者软土清除干净后，减轻自身重量，减少对外部软土和淤泥的压力，降低管道下沉的可能性。如果在给排水过程中，还是出现管道下沉的情况，可以使用增加涵管桩的形式，并在管道下层垫上一定的物质垫，做好密封工作，防止产生泄漏的状况。

### 5. 合理安装管道

首先，当管道还未运输到施工现场时，需要对其进行防渗性试验，一旦管道表面出现孔眼或者质量不达标，就需要立即向相关部门反馈。此外，就管道的安装过程来说，施工人员首先要准确知道管道中心，在此基础上对运转参数实施合理选择，然后预估其运转过程中有可能出现的问题，并对其提出相关的解决措施。管道的安装人员实施管道安装时的施工流程如下：第一，全面清除管道表面的杂质，然后对其实施准确标高；第二，通过相应方式审核该项管道，一旦其标高尺寸不符合标准，就须及时对其进行修改；第三，此类安装完成之后需要立即对其采取相应的检验措施，如果管道的安装出现偏移现象，就需要对其实施再一次安装；其次，对于管道的安装过程而言，只有要求施工人员以其运转情况为依据，在开始之前做好合理的安排工作和相对应的协调工作，才能对其运转过程中可能产生的问题提出有关的解决措施，进而确保管道的安装质量。因为管道具备相对的安装施工难度，所以，对于施工人员而言，必须在施工方案的遵循基础上及时发现其存在的问题，然后向有关部门及时反馈，促使管道的安装过程更加稳定。

综上所述，市政给排水管道工程的施工质量和人们生活水平有密切的关系，并在城市发展中起重要的作用。因此在进行此方面施工时，要做好基础处理工作，在施工中，保证其质量，利用科学的技术和工艺，提升给排水管道工程建设的质量和效率。只有市政建设工作做到位，才能保证城市化快速发展，让广大人民群众生活更加美好。

## 六、市政工程给排水管道施工质量控制

随着城市进程的加快发展，市政工程给排水管道的施工质量要求正在随着发展日益迅速的建筑行业不断上升，在实际情况中，只有控制好其施工质量才能推动城市建筑的加快发展。下面将就市政给排水管道施工质量做深入研究，并分析其出现的问题以及控制要素，并提出有效策略。

### （一）市政工程给排水管道施工面临的问题

#### 1. 图纸情况单一

在进行市政工程排水管道施工工作前首先要对其设计进行一个研究。市政工程设计图纸就是前提条件，其中包括了很多城市的需求以及排水要求。但是在图纸的设计中因为一些现实问题，其设计角度可能不够完善，通常在现实情况中，设计图纸并没有考虑到现实情况，设计中可能出现的问题叙述也比较单一。这种现象在施工中会造成工程延缓、施工问题得不到根本解决。

#### 2. 管理体制不完善

在进行施工时，原材料的质量以及数量对于工程建设来说是重要因素。在排水管道施工过程中，质量常常会因为材料的问题而不合格。这些问题主要就是施工单位监管不到位造成的。由于管理体制的不完善，没有一个稳固的成本控制监管体系，许多工作人员或是管理人员很可能就会投机取巧，选择一些能够给自己带来利益的劣质材料，从而导致施工过程中的质量不合格问题。

#### 3. 规章制度不规范

在市政工程给排水管道施工过程中，所有的施工人员、管理人员都必须遵守施工要求以及企业规则，这样才能提高整体工作效率，完成排水管道工程项目。

但是在实际情况中，市政工程项目往往会出现企业规则不完善、员工不遵守规定的现象，这主要是企业的人力资源管理问题，在施工时会增加多方面的工作难度。

### 4. 质量管理意识薄弱

由于城市的不断发展，市政工程给排水管道系统的工程应用越来越广泛，在这种情况下，许多施工单位可能因为经济利益而放弃对质量的监测，其质量管理意识薄弱，这也造成了排水管道的质量问题，这种情况下的工程使用年段都比较短，直接影响到未来排水管道系统工程的实行。

### (二) 市政工程给排水管道系统施工质量的控制要素

#### 1. 施工前准备工作

首先，在施工前，工作人员应该对设计图纸进行严格检查，与多方进行商讨，必须考虑到施工现场的各个方面，还要从实际出发去解决现实中的问题；其次，工作人员与设计人员要多勘察施工现场的情况，对施工现场的各种因素进行监测并记录下来，如天气、土质等，这些都是施工前需要准备的记录；最后，施工人员要与管理人员、设计人员做好反映工作，将不能解决的问题及时上报，共同合作，提高施工时的安全性。同时，管理人员还要对施工设备、工程材料等进行检查，确保施工顺利开展。

#### 2. 施工过程的质量控制

施工过程的质量控制主要有以下五点：第一，沟槽的开挖，在开挖沟槽时必须先对施工现场进行实时监测，保障施工的安全性和稳定性，避免在施工过程中可能出现的一系列问题。而开挖的时间应该选择晴天，但是如果遇到雨天，施工人员就必须做好工程的排水工作，保证工程不被雨水浸泡。第二，施工在开展前必须请高素质人才来对整个施工环境进行监测，同时必须保证数据的精确性。只有得到了严密的数据图纸，才能开展接下来的排水管道工程。在施工过程中，技术人员还要跟进每一项工程操作的具体数据并进行记录。第三，在沟槽挖好后，应该考虑天气、含水量等因素，防止沟槽暴晒，尽快设置沟槽。第四，在检查井点时要检查中心区域的井点，还要对原材料进行严格监督管理以及施工检查，最后进行封闭。第五，在进行管道封水试验时，应该及时观察其下降值，若不合格则及时进行排查。

### （三）解决给排水管道系统的有效策略

#### 1. 加强监督力度

要解决市政工程给排水管道的问题，首先就必须对施工过程中的质量有一个良好的监督。企业应该完善监督制度，从人力资源角度优化人才任用，增强对于仓库材料以及设备的监管，防止工作人员的不良行为，保证工程的质量安全。其次，在进行施工监督时，管理人员要明确责任，时刻做好监督工作，在发现问题时及时与设计人员商讨并解决。

#### 2. 设计全面图纸

在施工前，管理人员和设计人员应该实地勘察施工现场，对其施工要素有一个了解。在实际情况中，只有把握了施工现场的要素，才能推动后期工程建设顺利开展。除此之外，还要对天气状况有了解，必须对其进行一个有效的监测，从天气的角度来考虑使用时间，选择可以顺利开展施工的天气。例如在挖沟渠时就可以选择晴天。因此，在工程实践中，应该从施工现场的要素开始考虑，只有这样才能减少施工过程中的诸多问题。

#### 3. 完善规章制度

在施工现场如果没有完善的规章制度，那么整个施工过程就会变得混乱不堪，延缓工程进度，甚至会造成工程质量问题。施工单位在施工前应该多考虑工作人员的需求，并制定出一套完整的施工条例，并且要结合员工的具体意见。只有企业做到现代化的施工规章制度，才能够使得施工人才发挥其最大作用，保证工程效率和质量，并推动企业的发展。

综上所述，给排水管道工程在城市建设中具有重要影响，可以使得城市排供水情况变得稳定。市政给排水管道工程对于城市来说是一个重要的工程内容，因此，各个环节都要加强质量的控制力度，保障建筑工程给排水管道施工的整体质量。

## 七、市政道路给排水管道的管理及养护技术

### (一) 市政道路给排水管道的管理

#### 1. 安全制度

市政道路给排水管道的安全管理要有相应的制度作为基础，制定相应的制度要符合所在地区的安全规程，以国家法律为依据，结合工作需要、实际情况等多方面因素制定规章制度，以此作为安全管理的基准，使执行时有法可依、有据可查。

#### 2. 安全装备

在相关规定的要求准则下开展工作，给排水管道的维护中要有相应的设备保障，由于维护地点不同，维护对象也不同，所以需要不同类型的安全装备。我们常见的装备有安全帽、护目镜、安全手套等，这些设备的齐全可以保证维护工作的有效性和安全性。

#### 3. 建立完善的管理体系

在道路给排水网络的维护上，要有明确的责任划分，首先，领导作为主体，要有一定的制度意识，将工作划分并明确分配至相关的负责部门；其次，各部门落实任务，将安全责任与安全目标结合，提高执行力；最后，对于基层的作业人员，要明确其工作内容以及岗位职责，督促一线操作人员，用高度的责任心完成工作，为城市的稳定贡献力量。

### (二) 提高市政道路给排水管道养护技术的必要性

给排水系统在城市的运转中有着重要的作用，人们的生产、生活都离不开市政系统的支持，目前我国一些地方的给排水管道已经老化，管道的安全维护可以保证其继续正常使用，但性能较差，且存在隐患。

#### 1. 环境角度

随着工业化的发展与人口的不断增加，污水的排放量越来越大，给排水管道如果得不到有效的技术维护，管道有渗漏、破裂的现象就会使污水流向地下，危害地下水体，为人类的健康带来威胁，破坏水土平衡。

### 2. 市政安全角度

如果给排水管道有破裂、泄漏的情况，使道路基础的土壤流失，就会引发路面坍塌，还会波及周边的给排水管道，不仅造成财产损失，严重时还会危及人们的生命安全。

### 3. 经济角度

如果对给排水管道的管理养护工作及时、有效，可以延长管道的使用寿命，节约资金投入。一些主干道的给排水管起着关键的作用，一旦发生问题，影响的范围十分广，所以对给排水管的监测要及时、全面，不要等问题扩大到一定程度才正视问题。应制定合理的管道检测周期，选择合适的检测方法，保障给排水管道的正常运作，保护环境，促进社会的健康发展。

## （三）市政道路给排水管道的养护

### 1. 养护管理的任务内容

给排水管道在建成通水后，为保证其正常工作，必须经常进行养护管理。养护管理的任务如下：①验收给排水管道；②监督给排水管道使用规则的执行；③经常检查、冲洗或清通给排水管道，以维持其通水能力；④修理管道及其构筑物，并处理意外事故等。给排水管道系统的维护工作，由城市建设机关专设部门领导，下设若干养护工程队，分片负责，责任到每一片的负责人。整个城市道路给排水系统的养护组织一般可分为管道系统、排水泵站和污水厂三部分。

### 2. 市政道路给排水管道的疏通

管道系统的养护工作中经常性的和大量的工作就是疏通给排水管道。在排水管道中，往往由于水量不足，坡度较小，污水中污物较多或施工质量不良等而发生沉淀、淤积，淤积过多将影响管道的通水能力，甚至造成管道堵塞，因此，必须定期疏通。疏通的方法主要可分为水力方法和机械方法两种。水力疏通的方法是用水对管道进行冲洗。可以利用管道内污水自冲，也可以利用自来水或河水，可以利用上下游水头落差形成的流量对管道进行冲洗，也可以采用高压射水车的高压射水对管道进行疏通。用管道内污水自冲时，管道本身必须具有一定的流量，同时管内淤积不宜过多，而用自来水冲洗时，通常从消防龙头或街道集中给水栓取水，或用水车将水送到冲洗现场。近年来，当出现管道淤塞严重，淤泥已黏结密实，水力疏通的效果不好时，可以采用机械疏通的方法。很多城市一般采用水力冲洗车进行管道疏通，这种冲洗车由半拖挂式的大型水罐、机动卷管器、高压水泵、高压胶管、射水喷头和冲洗工具箱等部分组成。

### 3. 市政道路给排水管道的检测

所有这些问题的发现都需要通过一定的方法来检测，如果不积极地进行检测检验，那么就只有等到管道堵塞、污水外溢和道路塌陷的时候才能被管理部门发现。给排水管理的目的就是保障排水系统的正常运行，因此检测便显得至关重要。尽管目前基于资金等种种原因，给排水管道的检测还没有被相当地重视，但科学的检测是未来给排水行业发展的必由之路。现在我们通常用到的给排水管道的检测方法有闭水试验、气压法和水压法检验以及声呐法管道内窥检测等。有些大城市，对重要路段大管径排水管道的检测颇费周折，特别是在满管水的情况下，有时为了急于了解管道是否出现问题，还会采用潜水员手摸的方式进行检测。

### (四) 建立专业的维护队伍

首先，建设专业的维护队伍已成为当前我们在给排水管道维护中工作中的核心任务。对在职人员进行专业知识的培训，要有严谨的工作态度和过硬的专业本领，新进人员的选拔工作必须重视。优秀的工作人员，不仅能做好本职工作，同时也推动团队工作水平的提升，有责任感的综合素质是必须具备的。其次，对环境要有很强的适应能力，给排水管道维护的工作环境是不固定的，出现问题的管道所处地点可能条件非常恶劣，这要求相关人员必须能够吃苦耐劳，细致检查问题的症结所在，还要不断地学习新的知识，学习科学技术，通过规范化、知识化的操作实现工作的有效性。一支优秀的养护队伍是给排水管道正常运转，发挥效力的保障，所以必须建立一支"素质高、技能强"的专业队伍，为我国市政系统做出贡献，保障人们的生产生活。

市政系统的建设随着城市建设的加快也越来越重要，基于此，对于给排水管道要有组织地、系统地进行管理和维护，依照相关规定，强化相关部门的执行力，将任务合理分配，保证给排水系统的良好运转，确保市政系统为人们提供最高质量的服务，为城市的发展奠定基础。

## 八、市政给排水预应力混凝土管道工程的施工分析

随着我国城市化进程的加快，城市的现代化建设水平不断提高，政府对排水系统的稳定安全要求也更加严格。为了保证城市人民的用水安全，市政府必须提高排水系统的安装与维护，这样才能更好地为城市人民服务。预应力混凝土管道工程是目前城市排水设施建设中的一项重要的技术，这项技术的实施将对城市排水系统的正常稳定运行起到重要的作用。

近年来，我国市政排水工程项目的投入，不仅关系城市排水系统的质量水平，更关系人们的生命财产安全，一旦出现工程问题，会直接影响社会公众的利益。目前，排水预应力混凝土管道工程是一项比较成熟的技术，对城市排水系统的稳定发挥着重要的作用。主要优势有自身性能好、价格合理、抗腐蚀力比较强。因此，为了要保证城市的排水更加安全与稳定，运用先进的排水预应力混凝土管道，成为市政管道工程施工中的主要方式。

### （一）排水预应力混凝土管道工程的前期施工准备

#### 1. 施工技术准备

施工前的第一步是要做好施工的技术准备，它主要包括以下两方面：①要对图纸进行审核。施工的图纸是管道工程的关键。因此，要对图纸进行严格的审核，以防出现纰漏。当发现问题时一定要及时地改正，以保证图纸的高度准确性。②要重视测量与定位，在施工的前期必须对工地各种地形进行精密的测量。注重测量水准点位置，以保证在施工放线中与原有的管道保持一定的距离。同时，在开挖基槽的过程中要注意土壤的松软程度、土质组成状况，并根据管径的大小适当改变基槽的深度、宽度。

#### 2. 注重材料的准备

前期的材料准备主要包括有以下三方面：①准备钢筋混凝土管，它必须符合政府规定的标准。排水预应力混凝土管道工程中对钢筋混凝土管道的要求比较高，其抗压能力必须在 40 MPa 以上，这样才能保证其抗压能力的标准。②保证

胶管质量，在使用之前必须保证胶管是完整密封的。只有密封的胶管才能保证其硬度、强度、抗拉程度符合相关的规定。③要保证水泥的质量符合国家标准，水泥在进入施工工地之后，要进行抽样检测，保证其质量性能符合国家规定，这是保证预应力混凝土管道工程施工质量的前提条件。因此，在施工之前必须严格审核水泥质量问题，防止因出厂时间过长，无法达到相应的国家标准。

## (二) 控制排水预应力混凝土管道工程的施工技术

### 1. 开挖沟槽

开挖沟槽是预应力混凝土管道工程施工的主要工作之一。现代城市施工中开挖沟槽主要由机械操作来完成。在开挖沟槽之前要对开挖的深度与宽度进行测量分析，要严格按照设计图纸的要求来执行，认真做好每一项的审核。目前，我国城市排水预应力混凝土管道工程施工中规定的开挖深度是要保证沟槽的侧面不低于 30 cm。由于是机械作业，容易出现开挖过量的情况。因此，在开挖的过程中槽底要预留出 20 cm 的土层先不挖，等下一步的工序完成之后，再利用人工进行精细作业完成。人工挖槽时应该将槽深控制在 2 m 左右，并且把开挖深度、间隔控制在 50 m 之内，这样有利于把混凝土管体的重量平衡地放置在沟槽之上，其中的偏差不允许大于 10 mm，这样才能保证工程的质量。

### 2. 安装管道

在安装管道之前必须清理好基槽的杂物，并对容易出现问题的地方进行规范的处理，以此来保障施工质量。针对一些不够稳定的土层，在前期的沟槽检测中要做好地理位置的记录，在安装管道之前必须夯实。

安装管道中地基稳固问题在混凝土管道工程施工中是极其重要的部分，因此要严格按照施工规定的标准进行。在施工中遇到槽底含水量较高、土质疏松等情况，要及时与设计人员协商，并根据含水量的多少，制订出相应的解决方案。当含水量低于等于 150 mm 时，可以开挖原土进行回填并夯实；当挖槽底部的含水量较大时，需要用天然级配砂石进行夯实，并针对土质疏松的槽底进行铁钎固定处理。打钎要严格按照规定执行，一般情况下是根据"五步打钎"的方式进行施工，钎控制在 20 m 左右，打钎必须穿过锤心，其锤的质量为 10kg。在打钎过程中，根据要求每 30 cm 要做一次记录。对每次打钎的地理位置做好相关的区别记录，以便将来查询与检测。只有做好每一步的工作，才能继续进行工程的下一项，并最终保障混凝土管道的稳固。

### 3. 混凝土管接口的衔接

①要保证混凝土管的规格、质量以及尺寸大小符合国家规定的标准。因此，在安装之前要对混凝土管的质量进行检测，确认其接口处与橡胶材质符合标准，并且是由统一的管材厂配备，这样才能保障管材的质量与特性的一致性，对于不符合标准的管节进行剔除，以保障整个施工的质量水平。

②是确保管节的外表没有裂缝、脱落、掉角等情况，如果有这些情况要及时修补，避免在施工后出现排水爆管的现象。

③在预应力混凝土管道安装之前要清理干净工作面和插口。橡胶圈按照要求套在插口上，预应力混凝土管道在安装时，管口间的距离应该保持在 5 mm 以上。在需要转弯的地方，管体不能裁断使用，要按照规定使用金属管件进行衔接，从而保障其转弯处的稳固。在金属管件的衔接处要注意防腐处理。

### (三) 对排水预应力混凝土管道工程施工的质量控制及要求

### 1. 需要对预应力混凝土管道的接口进行质量把关

在订购预应力混凝土管节之前，首先对管材厂制管技术，进行实地考察，选择符合国家标准的管材厂；其次是管节和管件在进入施工场地后，要再次对其质量进行复查，严格按照国家的标准对其质量、规格进行测量。

管材的端面垂直角度要符合施工的要求，外观上不能有膨胀、脱落、断裂的现象。橡胶圈的位置要正确，不能扭曲、外露；管口不存在破损、断裂的现象；橡胶圈的水压测试要符合测试的标准；金属管件不能有生锈、剥落现象。其检查的方法主要是：观察、试验检测、抗压测试等。

### 2. 对排水预应力混凝土管道施工人员的素质要求

排水预应力混凝土管道施工人员必须要有专业性的知识，这样才能保证施工水平的质量。因此，在前期的招标过程中，要对其是施工人员的技术水平进行考核，对于不符合标准的人员，必须坚决剔除，以保证施工人员的质量。

### 3. 对排水预应力混凝土管道施工的技术质量进行质量检测

首先是通过翻阅施工过程中的有关资料，了解其管节、橡胶圈、金属管件的质量检测报告，并将其与国家的标准进行核查，以此来检测施工中各项产品的质量是否符合国家的标准；其次是通过观察与操作来检测单口水压测试结果，从而检测橡胶圈的接口的位置是否正确，以及是否出现扭曲现象；最后通过查阅水泥、混凝土的试验检测报告，来确定接口衔接的强度是否符合设计标准，是否有膨胀、脱落、断裂的现象。

综上所述，在城市的排水系统建设过程中，排水预应力混凝土管道工程技术为城市的排水系统建设的完善做出了重要的贡献。它为人们的用水安全提供了保障，同时，也使现代城市的排水系统更加科学化、稳定化。因此，要对市政给排水预应力混凝土管道工程的施工进一步地详细化分析，并加大对排水预应力混凝土管道技术的研发投入，这将对我国的城市排水系统化发展以及现代化城市建设具有深远的意义。

# 参考文献

[1] 周质炎，夏连宁. 市政给水排水工程管道技术 ［M］. 北京：中国建筑工业出版社，2023.

[2] 刘勇，徐海彬，邓子科. 市政建设与给排水工程 ［M］. 长春：吉林科学技术出版社，2023.

[3] 赫亚宁，韩彦波，刘瑜. 城市建设与市政给排水设计应用 ［M］. 长春：吉林人民出版社，2023.

[4] 邓照华，宋明严，张磊. 城市建设与给排水工程 ［M］. 长春：吉林科学技术出版社，2023.

[5] 张军，贾学斌，刘心. 给排水科学与工程专业概论 ［M］. 哈尔滨：哈尔滨工业大学出版社，2023.

[6] 李淑欣，陆云华，王文静. 城市给排水系统设计与技术研究 ［M］. 哈尔滨：哈尔滨出版社，2023.

[7] 孔谢杰，李芳，王琦. 市政工程建设与给排水设计研究 ［M］. 长春：吉林科学技术出版社，2023.

[8] 张娅玲. 建筑给排水工程设计与施工 ［M］. 北京：清华大学出版社，2023.

[9] 廖光磊. 市政给排水管道工程设计与施工技术 ［M］. 武汉：华中科学技术大学出版社，2023.

[10] 王迪，崔卉，鲁教银. 城市给排水工程规划与设计 ［M］. 长春：吉林科学技术出版社，2022.

[11] 张瑞，毛同雷，姜华. 建筑给排水工程设计与施工管理研究 ［M］. 长春：吉林科学技术出版社，2022.

[12] 翟端端，林兵，刘堃. 给排水工程规划设计与管理研究 ［M］. 沈阳：辽宁科学技术出版社，2022.

[13] 范文斌，张鹏颖，黄翠柳. 城市给排水工程施工技术研究 ［M］. 长春：吉

林科学技术出版社，2022.

[14] 曹井国，郁片红，孙跃平. 城镇给排水管道非开挖修复材料［M］. 北京：化学工业出版社，2022.

[15] 李树平，刘遂庆. 城市给水管网系统［M］. 北京：中国建筑工业出版社，2021.

[16] 胥东，史官云. 市政工程现场管理［M］. 北京：中国建筑工业出版社，2021.

[17] 冯萃敏，张炯. 给排水管道系统［M］. 北京：机械工业出版社，2021.

[18] 高将，丁维华. 建筑给排水与施工技术［M］. 镇江：江苏大学出版社，2021.

[19] 黄珺，季大力，曹坚. 市政建设与给排水信息工程研究［M］. 哈尔滨：哈尔滨地图出版社，2020.

[20] 许彦，王宏伟，朱红莲. 市政规划与给排水工程［M］. 长春：吉林科学技术出版社，2020.

[21] 房平，邵瑞华，孔祥刚. 建筑给排水工程［M］. 成都：电子科技大学出版社，2020.

[22] 李亚峰，王洪明，杨辉. 给排水科学与工程概论［M］. 北京：机械工业出版社，2020.

[23] 张胜峰. 建筑给排水工程施工［M］. 北京：中国水利水电出版社，2020.

[24] 孙明，王建华，黄静. 建筑给排水工程技术［M］. 长春：吉林科学技术出版社，2020.

[25] 张伟. 给排水管道工程设计与施工［M］. 郑州：黄河水利出版社，2020.

[26] 梅胜，周鸿，何芳. 建筑给排水及消防工程系统［M］. 北京：机械工业出版社，2020.

[27] 杨雪. 市政工程给水排水施工管理［M］. 长春：吉林科学技术出版社，2019.

[28] 饶鑫，赵云. 市政给排水管道工程［M］. 上海：上海交通大学出版社，2019.

[29] 边喜龙. 给排水工程施工技术［M］. 北京：中国建筑工业出版社，2019.

［30］郭沛鋆. 市政给排水工程技术与应用［M］. 合肥：安徽人民出版社，2019.

［31］白建国. 市政管道工程施工［M］. 北京：中国建筑工业出版社，2019.

［32］张吕伟，杨书平，吴凡松. 市政给水排水工程 BI m 技术［M］. 北京：中国建筑工业出版社，2018.

［33］刘冬编. 城市总体规划设计实验指导书［M］. 北京：北京理工大学出版社，2018.